U0161457

北京市科学技术协会科普创作出版资金资助

触物及理

令人眼界大开的物理小实验

吴进远◎著

科学出版社

北京

内 容 简 介

本书中的很多物理小实验会用到儿童玩具和科学玩具。用这些玩具做的实验，可以帮助读者掌握很多复杂难懂的物理学概念，因而从某种程度上可以说“几只玩具，半部物理”。本书中主要包含趣味性内容，如音乐中蕴含的物理学知识；但也包含一些启发性内容，如完全抵消与非完全抵消等。

本书适合高中学生及中学生家长阅读，也可供物理教育教学工作者参考。

图书在版编目（CIP）数据

触物及理：令人眼界大开的物理小实验. 下 / 吴进远著. —北京：科学出版社，2020.10

ISBN 978-7-03-065982-8

Ⅰ. ①触… Ⅱ. ①吴… Ⅲ. ①物理学–实验–普及读物 Ⅳ. ①O4-33

中国版本图书馆 CIP 数据核字（2020）第 165102 号

责任编辑：张 莉 崔慧娴 / 责任校对：韩 杨

责任印制：师艳茹 / 封面设计：有道文化

科学出版社 出版

北京东黄城根北街 16 号

邮政编码：100717

http://www.sciencep.com

天津市新科印刷有限公司印刷

科学出版社发行 各地新华书店经销

*

2020年10月第 一 版 开本：720×1000 1/16

2020年10月第一次印刷 印张：14 1/4 插页：4

字数：195 000

定价：48.00元

前　言

Preface

“我们上大学时没有学过这些呀？”也许，很多家长看了本书后会这样说。不过不要紧，你不必觉得自己没有学好普通物理，更不要觉得老师或教材不够理想。尽管本书中的内容所涉及的都是高中物理和普通物理中的知识，但历史上形成的课程大纲，为了照顾知识体系的严谨与循序渐进，以及受到课时的实际限制，有些内容或被忽略，或作选读，或一带而过，所以很多上过大学的人却没有或不记得学过本书中的某些内容是完全可以理解的。

“我的孩子需要学习这些吗？”这个疑问是前一个问题的自然延伸。我们知道，后辈必须在整体知识水准上超过前辈，人类社会才会进步。现在知识的传播变得更加便捷，很多年轻学生比前辈在同样年龄时拥有的知识更丰富了。初级物理中一些传统的内容，很多学生可能早就读过，无法引起他们的兴趣，因此，有必要为新一代写一些教材上不一定有的内容，这就是笔者创作本书的初衷。

“我的孩子能学会这些吗？”家长对自己不是很熟悉的知识产生类似疑问，这非常正常。笔者希望提醒家长的是，不要低估自己孩子的学习能力。同时，本书是围绕一系列实验展开的，有关知识不是通过死记硬背去学的，而是向自然现象学习，所以学起来并不费力。

很多学生如同笔者一样，都是因为物理“好玩”而喜欢学习物理的。物理学的趣味，很大程度上来源于实验。本书中的很多实验，会用到智能手机（或平板电脑）作为实验仪器，用来测量物理量或记录实验数据。很多家长对孩子接触智能手机（或平板电脑）感到两难，既希望孩子接触现代科技产品，又忧心孩子沉迷于网络游戏，因而鼓励孩子用手机做科学实验，可以帮助家长找到一个适当的平衡点。可以说，一部小小的智能手机（或平板电脑）能够帮助我们理解经典物理学中的许多内容。

观察和实验是自然科学家获得新知识的重要方式，我们现在从教材上学到的物理知识，大都是前人通过观察和实验从物理现象中得到的。直到现在，未经过实验证实的物理理论也仅仅是论家之言，经过实验证实的理论才能被广为接受。在学习物理知识的初级阶段，我们固然没有时间和条件做到用实验验证所有的物理定律，但是，向自然现象学习这样一种方法，是必须掌握的。

要想学好物理，就要多做实验。除了课堂上、实验室里，很多实验在家也可以做。做实验既可以帮助学生学好物理，又能够提高学生的实际动手能力，从而学会基本的设计、估算、安全防护、工具使用、制作组装等各方面的技巧，是一种综合性极强的素质训练。通过做实验来学习物理，可以将物理概念化繁为简，将抽象的定律变得直观可视，将碎片化的知识融会贯通。很多实验本身，还可以当作物理知识体系的记忆支点。

本书中的很多实验是笔者原创的，设计时尽量避免与学校或科技馆现有的实验重复。我们介绍的知识仍然是从中学物理出发，但有些内容延伸到虚拟现实、电子学与计算机等新技术。实验中使用的器材，尽可能限定在通常家庭可以找到或购买到的物品。所有实验笔者都实际做成功过，在本书中尽可能提供做实验的关键技巧，以便读者少走弯路。

笔者不奢望学生读一遍就能掌握本书中的全部内容，在高中期间，希望学生把书中介绍的各个家庭实验都尽量做一遍。其间我们期待学生能从一些与课堂课程不同的视角去看待物理现象。在高中我们会学到很多物理学知识，不过由于视角的限制，难免会有很多容易混淆的概念。不过有时只要我们换个视角，就会发现这些概念本来是分得清清楚楚的，并不需要专门靠背定义去分清它们。

在这期间，希望每位有能力的家长都参与并帮助孩子完成这些家庭实验。一方面，这是为了学生的安全着想；另一方面，作为一个父亲，笔者想提醒每位家长，请珍惜你能和孩子一起做些共同感兴趣事情的宝贵时光。

本书固然是写给初学物理的读者看的，但笔者仍然愿意与读者分享通过多年科研工作所获得的一些感悟，比如科学直觉的生成与更新、物理效应的完全抵消与非完全抵消等。有些概念对于我们认识世界极其重要，如傅里叶分析、正负反馈、非线性现象等，但我遇到的很多成年朋友从来都没有学过这些概念。在本书中，笔者希望通过一些简单的初等物理实验来介绍与普及这些概念，让这些概念从科学家的书斋中走出来，成为公众观察与认识世间万物的利器。

笔者希望学生上大学时，能把本书带到大学中。随着普通物理课的学习，细心读懂本书中的相关内容。同时，在课程与本书所提供不同视角的基础上，通过上网查资料、参加学术研讨会等方法获取更多的视角，用这个方法把物理学的基础打好。

很多老师或家长会有顾虑：现在学生很忙，哪里有时间花在这种看似玩耍的事情上？考试成绩下降怎么办？考不上理想的大学怎么办？其实素质教育与应试教育并不完全对立，通过有趣的方式把知识学好学透，就没有必要害怕考试。

笔者将本书定位于对现有物理课程内容的补充与扩展，帮助学生从多种角度理解物理知识，但其并未达到足够的系统化程度，并不能完全替代现有课程中的物理实验。不过，物理教师在授课中，完全可以选用其中一些实验作为课程补充，用于课堂演示或实验课，抑或是家庭作业，以期分散难点，降低学生的理解难度，减少学生的记忆负担，从而整体提升学生的物理成绩。

本书中介绍的一部分实验有一定的危险性，读者应提前做好事故防范预案，做好个人防护措施，在成年人监护下完成实验。切记：在任何情况下，绝对禁止单独从事任何有人身危险的活动，家长亦应切实负责保护孩子的安全。

本书每章结尾附有物理实验现象集锦视频的二维码链接，每个视频时长约 5 分钟，包含与本章相关的若干实验，以供读者观看参考。

吴进远

2019 年 6 月

目　录

Contents

第一章　与直觉相悖的几个现象

学习物理很少有人能够仅靠背公式或定律深入下去的，大多需要建立相应的直觉，而这种直觉又大多是通过对自然现象及实验现象进行观察得来的。在物理学中，把实验仅仅看成是验证理论的一种手段是对实验的重要性的严重低估，事实上，实验现象及由此建立起来的直觉是物理学继续前进与发展的重要支点。

在一定的理论与实验证据的支持下，人们建立了某种直觉，但我们经常发现有的现象与我们的直觉不相符合。然而，眼见为实，当我们的主观直觉无法与客观现象吻合时，显然不应排斥客观现象，而是需要修正并更新我们的直觉。

每当人们进一步探索建立了新的理论，找到新的实验证据后，都应该对我们的物理直觉做相应的补充修正与更新。本章中我们将讨论几个与日常生活直觉看似相悖的现象，并帮助读者建立新的物理直觉。

一、大气球和小气球

气球是我们从儿童时代开始就会玩的玩具。吹气球时需要向气球内吹气，大多数人直觉上觉得气球吹得越大越费力。而事实上，当气球膨胀超过一定直径后，吹起来就不那么费力了。你注意过这个现象吗？

1. 实验现象

用物理学语言来说，气球的内外压强差在直径比较小的时候随直径增加，而当直径超过某一数值后，压强差随着直径的增加反而降低。这好像很难想象，让我们通过实验来验证一下吧！找两个规格一致的气球，注意选择弹性比较好的。如果是在冬天且室温比较低的时候做这个实验，要将气球先在温水中浸泡一段时间，以使气球乳胶恢复良好的弹性。

☞ **安全提示：**为了防止气球炸裂带来伤害，实验时应佩戴好防护眼镜。实验选用的气球应是玩具气球，不要选用探空气球等外皮过厚的产品。

将两个气球吹到接近其额定的直径，在吹气过程中，我们多少能感受到，当气球大到一定程度时，吹气球所需要的力气开始变小。那一刻我们将两个气球口临时绞拧，然后将两个气球通过一根直径为 1 厘米左右的细管连接起来，再将绞拧的气球口松开，使得两个气球连通，如图 1-1 所示。两个气球连接起来后，很可能会出现一个持续变小，把空气挤入另一个，使之变大。如果两个气球的大小没有显著变化，可以轻轻挤压其中一个。当两个气球大小不再变化后，轻轻地挤压其中比较大的那个，如图 1-2 所示的浅色气球。挤压比较大的浅色气球时，能够听到大气球里的空气逐渐充入小气球的声音。如果在两个气球变得差不多大小之前放开手，深色气球里的空气又会回到浅色气球中，使得两者恢复到原来一大一小的状态。当被挤压的浅色气球变小到一定程度后，会自动地持续变小，使另一个深色气球持续变大。在两个气球的总体积一定的情况下，会在直径一大一小的某种状态下达到平衡。这时可以轻轻挤压直径比较大的深色气球，如图 1-3 所示。当我们持续挤压深色气球，直到深色气球略小于浅色气球时，可以发现深色气球开始自己向浅色气球充气，即使我们放开手不再挤压，深色气球也会将浅色气球充到很大。两者会在直径一大一小的某种状态下达到平衡。

(a)　　　　　　　　　　(b)

图 1-1　两个连通的气球

(a)　　　　　　　　　　(b)

图 1-2　较小气球向较大气球中充气的情景

(a)　　　　　　　　　　(b)

图 1-3　气球大小换位过程

如果使用质量比较好的气球，这个实验可以重复若干次。当然，实际上很多气球膨胀收缩几次后，弹性与开始时会大不相同。但是无论如何，我们确实看到了在一定条件下，气球直径较小而内外压强差反而较高的现象。

2. 张紧曲面形成的压强差

气球的内外压强差是呈曲面的气球皮张紧造成的。我们现在来分析一下这个压强差与曲面的张力及曲率半径的关系。

我们想象在半径为 R 的球形的气球上有一个边长为 a 的小正方形，小正方形的每个边受到正方形外边气球皮的拉力为 f_1，如图 1-4 所示。

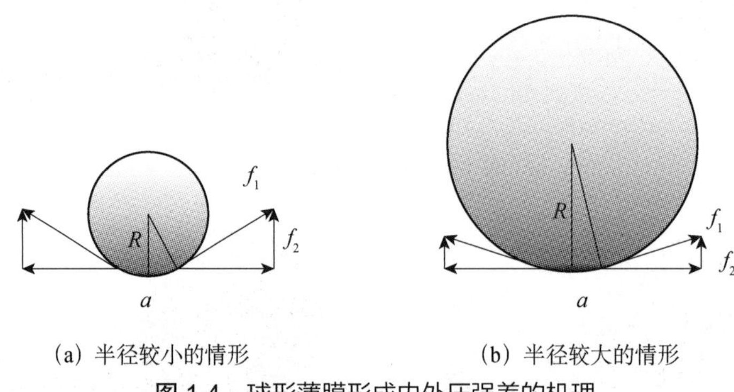

(a) 半径较小的情形　　(b) 半径较大的情形

图 1-4　球形薄膜形成内外压强差的机理

拉力 f_1 与小正方形的边长 a 成正比，即 $f_1=\lambda a$，其中，λ 为气球皮的表面张力，单位为牛顿/米。图中小正方形四个边的受力都是向斜上方的，这些力可以分解成水平与垂直两个分量。而这些力的水平分量互相平衡抵消，只有垂直分量 f_2 提供了气球内外的压强差，不难算出：

$$f_2 = f_1 \frac{a}{2R} = (a\lambda)\frac{a}{2R} \tag{1-1}$$

由于小正方形有 4 个边，因此，在垂直方向总的外力是 $4f_2$。而小正方形的面积为 a^2，因此小正方形内外的压强差为

$$P = \frac{4f_2}{a^2} = \frac{2\lambda}{R} \tag{1-2}$$

这个结果告诉我们，在表面张力不变的情况下，球体的半径越大，内外的压强差就越小，这是我们从直觉上容易忽视的一个因素。球体内外的压强差与半径

的关系如图 1-5 所示。

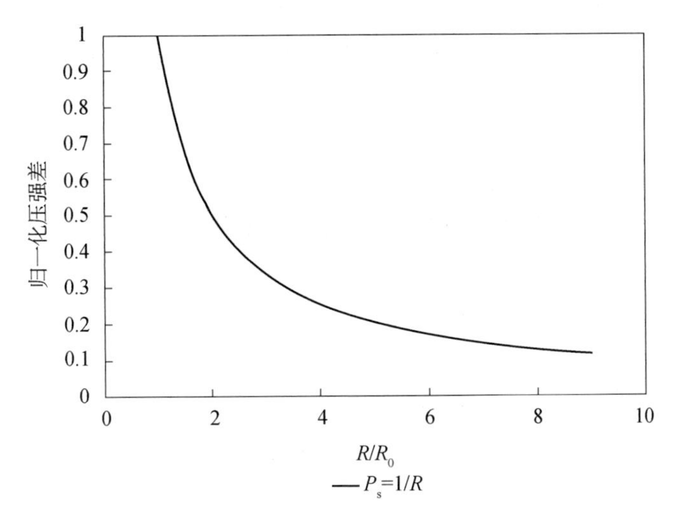

图 1-5　球体内外的压强差与半径的关系

这里，我们将归一化压强差标注为 P_s，这是假定表面张力不变的情况下的压强差，所以未考虑 2λ。图中的 R_0 为气球的初始半径。

如果我们吹的不是气球而是肥皂泡，那么在一定的范围内，肥皂泡的表面张力 λ 可以近似地看成是常数。在这种情况下，比较小的肥皂泡内外压强差总是比较大，而大的肥皂泡内外压强差比较小。我们可以看到，小的肥皂泡往往鼓胀成相对稳固的球体，外来的空气扰动很难改变它的形状，而比较大的肥皂泡则会被风吹得不断变化形状。

事实上，我们可以通过在拉弓射箭中观察到的现象来修正并更新我们的直觉。我们可以考虑两种拉弓的情况，如图 1-6 所示。在这两种情况下，弓弦的长度没有显著变化，其张力可以看成是基本恒定。不过，对于图 1-6（b）中的这种情况，由于上下两段弓弦之间的夹角变小了，因此，作用到箭上面向前的分力要大很多。这与球体半径减小引起内外压强差增大非常相似。

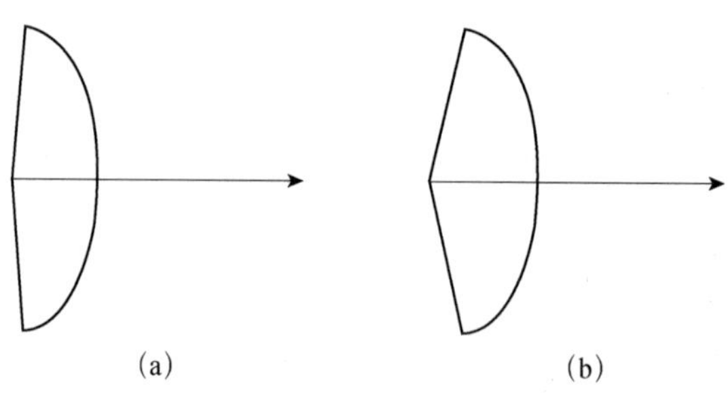

图 1-6 弓弦向前的分力与弓弦夹角的关系

3. 弹性薄膜的张力

事实上，我们吹气球时，其表面张力不是一个恒定值，而是随着半径变大而增大。这里省略推导过程，直接将表面张力随半径变化的一种可能关系画在图 1-7 中。

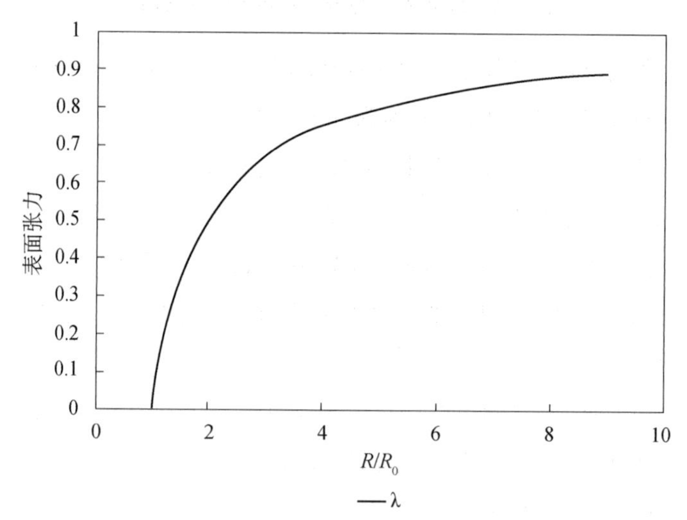

图 1-7 表面张力随半径变化的一种可能关系

按照式（1-2），将前面两图显示的函数直接相乘，就可以得到气球内外压强差 P 随半径的变化关系，如图 1-8 所示。

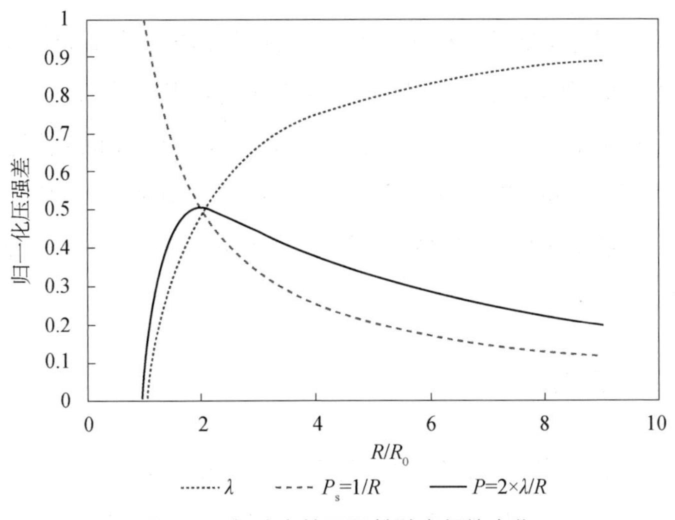

图 1-8　气球内外压强差随半径的变化

由此可见，气球的内外压强差受到两个因素影响，其中一个随半径增大而增大，另一个随半径增大而减小。由于这两个因素的消长关系，气球内外的压强差首先随着半径增大而增大，然后随着半径增大而减小。这就是我们开始吹气球时觉得比较费力，而当将气球吹到一定大小后就不感到那么费力的原因。

二、平板玻璃是透镜吗?

我们在学习简单光学仪器的时候，都知道凸透镜和凹透镜。这容易使人产生一种感觉，即两面都是平面的玻璃对于光学系统没有影响。日常生活中，当我们透过玻璃看窗外的景物时，的确很难察觉窗外的景物有何异样。

然而事实上，在光学系统的光路上的任何透明物体都会给系统的成像质量带来影响。专业摄影师在拍摄时往往尽量避免透过玻璃拍摄，如果是在行驶的汽车内往车外拍摄，他们往往会摇下车窗玻璃，有时甚至将照相机镜头伸到车外去拍摄（须在确保安全的前提下，否则不可探出车外）。

天文台的望远镜是很贵重的光学仪器，为了保护望远镜，天文台的观测站都建有一个半球形的屋顶。观测时，打开屋顶上的开槽，开槽上是没有玻璃的。大家也许会感到奇怪：如果在开槽上安了玻璃，不是有利于保护望远镜吗？至少可以避免望远镜暴露在酷暑、严寒、湿气或蚊虫等不利环境中吧！实际上，如果在天文望远镜前面挡一层玻璃，即使是高质量的平板玻璃，也会影响望远镜的成像质量。

1. 实验装置

为了演示平面透明体对光学系统的影响，我们做一个简单的实验，实验装置如图 1-9 所示。在洗手池上架一根长方形木条，将手机固定在木条上。在能够清晰拍摄池底的情况下，手机的高度应该尽量安置得低一些。图中的两根线绳是用来标定成像大小的参照物。

☞ **安全提示：** 实验中要避免木条翻倒，造成手机落水。为了确保安全，注意要在实验装置的所有部分都安置妥当稳定之后再往洗手池中注水。

图 1-9　平面透明体对光学系统影响的实验装置

2. 实验观察

我们将洗手池中注满水，拍摄一张照片，如图 1-10（a）所示。

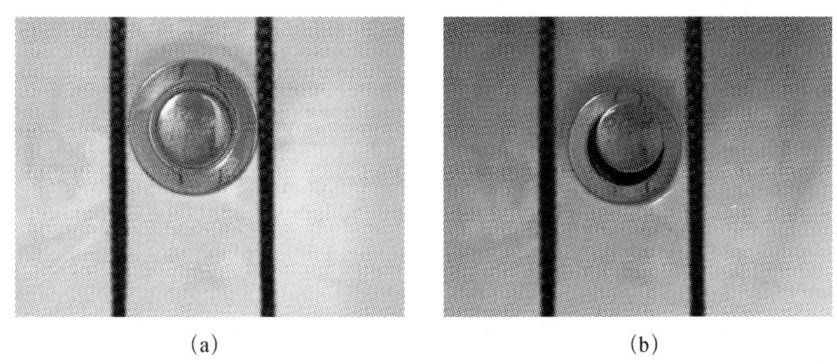

(a)　　　　(b)

图 1-10　洗手池注满水时拍摄的照片（a）和池水放空后拍摄的照片（b）

拍摄之前，仔细调整线绳的位置，使之与池底出水口相切。由于线绳与出水口到手机镜头的距离不同，所以很难将两者同时拍摄清楚。可以拍摄多张照片，对两者分别对焦。笔者拍摄时选择对池底的出水口对焦。获得满意的照片后，将池水放掉，再拍摄一张照片[图 1-10（b）]。注意，整个过程中不要移动手机和线绳，拍摄时对焦的物体要相同。

比较有水和没有水的两幅照片，可以看出二者的不同。当洗手池里放满水时，池底的物体看上去似乎近一些，比没有水的时候显得大一些。

3. 原理解释

我们通过图 1-11 来粗略地解释看到的现象。

当水下物体发出的光线射到水面进入空气时，由于水和空气的折射率不同，光线被折射。由于水的折射率比空气的折射率大，因此光线在空气中的出射角比在水中的入射角要大。图 1-11 中画出了从物体两端发出的光线射向观察者手机的光路，可以看出，在有水的时候，观察者看到物体两端的张开角比

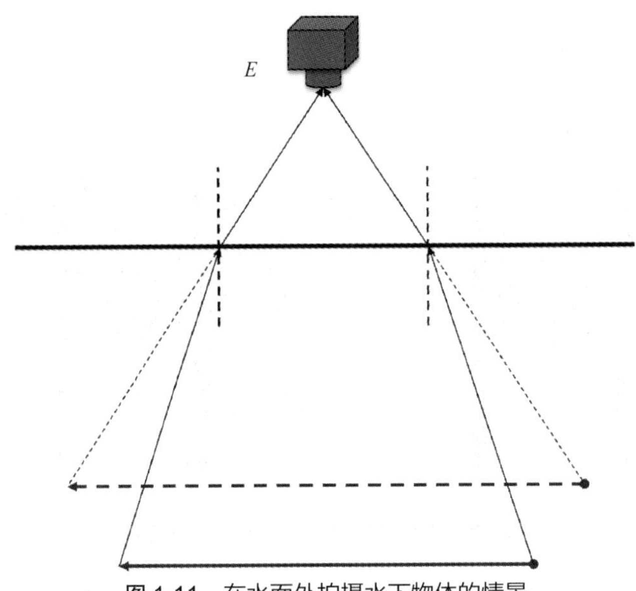

图 1-11　在水面外拍摄水下物体的情景

没有水的时候要大。因此，平板玻璃在光学系统中实质上是一个影响很大的光学元件。这种影响在玻璃厚度比较大且观察者与被观察物体距离比较近的情况下比较显著。

当然在日常生活中，平板玻璃比较薄，观察者与被观察物体距离比较远，因而平板玻璃的光学效应在一定程度上可以忽略。比如，我们透过窗户玻璃看风景，或者用普通照相机拍照，通常不会有显著影响。

三、“蚂蚁吊大象”

在一档综艺节目中，有一个“蚂蚁吊大象”的视频，非常有趣，也很有科学道理，实际上是一个很好的科学实验。在这个实验中，表演者用三根普通的火柴棒，借助一根线绳的拉力，支撑起一个小支架，以此在桌子边缘挂起多瓶由矿泉水构成的重物。

我们重复了这个实验，用三根牙签代替火柴棒。为了观察得更清楚，我们在一块玻璃的边缘搭建了这个结构，如图 1-12 所示。

图 1-12 “蚂蚁吊大象”的实验照片

在我们的印象中，牙签是很脆弱的，物体放到桌子边缘则非常容易滑落。既然这样，图中的牙签为什么能够稳稳地吊起重物而不掉落呢？

1. 杠杆原理

在实验的第一步，我们用一瓶矿泉水压住一根牙签，然后在牙签上套一根线绳，下面拴上矿泉水瓶，如图 1-13 所示。首先讨论一下为什么牙签可以挂住一瓶矿泉水。

图 1-13　实验第一步时的情景

大家还记得杠杆平衡定律吧，杠杆平衡的条件是：

动力 × 动力臂=阻力 × 阻力臂

学过普通物理的读者，可以用刚体静止（或做匀速直线运动）的条件把上面这句话重新说一遍，也就是，刚体受到的合力及关于任意一点的力矩总和都必须为零。我们把这根牙签的受力状况画出来，如图 1-14 所示，F_1 是线绳吊起重物产生的拉力，F_2 是桌面上矿泉水瓶对牙签的压力，L_1 和 L_2 是两个力所对应的力臂。因此，只要符合如下条件：

$$F_1 \times L_1 \leqslant F_2 \times L_2 \tag{1-3}$$

牙签就不会翻转。

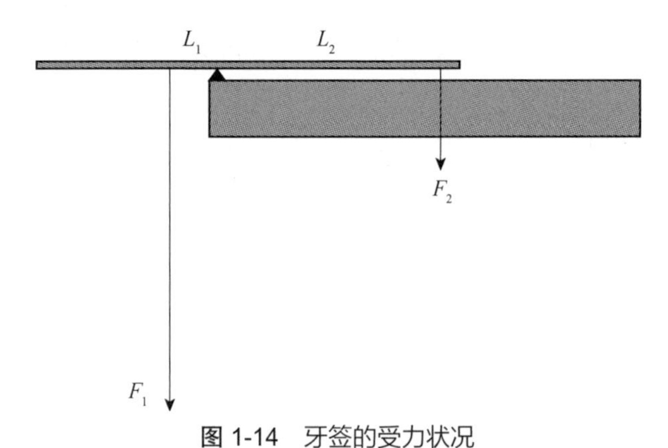

图 1-14　牙签的受力状况

实际操作时，我们很容易让 L_1 小于 1 毫米，而 L_2 在 10 毫米左右，这样，F_1 只要小于 F_2 的 10 倍，杠杆就不会翻转。所以，如果我们愿意，在实验的这一步就可以在线绳上吊几瓶矿泉水。

2. 重力作用线

第二步是把两根线绳分开，卡上一根牙签，再用第三根牙签支撑在第二根与第一根牙签之间，然后将原先压在第一根牙签上面的矿泉水瓶移开，如图 1-15 所示。整个系统“神奇”地吊在了桌边。

图 1-15　组合完毕的支撑结构

我们同样可以用杠杆原理进行分析，很显然，第三根牙签给第一根牙签一个向上的力，这个力矩代替了原先矿泉水瓶提供的力矩，使得第一根牙签不会翻转。但是，如果我们换一种分析方式，这个问题就可以显现得更加清晰。当三根牙签都支撑好之后，它们之间的位置关系如图 1-16 所示。

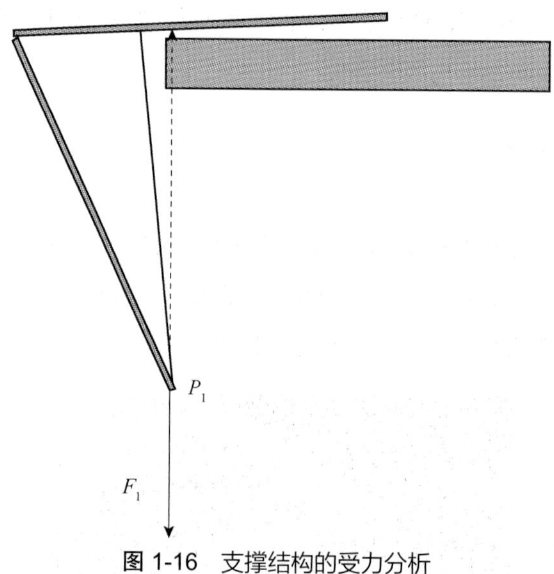

图 1-16　支撑结构的受力分析

这里告诉大家一个技巧，分析力学问题的时候，有时可以试着把几个相连且没有相对运动的物体看成是一个整体，力学上把这个整体称为一个刚体，这样会使一些没有头绪的问题变得豁然开朗。

这里就将三根牙签及连接它们的线绳看成一个刚体，在图 1-16 中，将这个整体用浅灰色标示出来。当桌面上的矿泉水瓶移开后，这个刚体会稍微转动一点。这样，最下端的连接点 P_1 就会向桌子下方稍微移动一点，最后移动到桌角支撑点的下方。这样，F_1 的重力作用线就可以通过桌角的支撑点。在这种情况下，F_1 对于整个刚体而言的力臂为 0，它所产生的力矩也是 0，因此 F_1 便不会使整个刚体进一步转动。

知道了这个道理，每个人都可以完成这个绝活。在这个实验中，操作者真正要练习的技巧是确保搭建的刚体稳固，同时避免下面吊挂的重物晃动得太厉害。只要能做到这些，你也可以完成这个精彩的表演。

四、泊松光斑

设想空间有一个点光源和一个小球，常识告诉我们：小球会把光挡住，如果在小球后面放一个纸屏，上面会有一个圆形的阴影。如果有人说阴影的中心应该有一个亮点，如图 1-17 所示，大多数人都会觉得违背了我们的直觉。

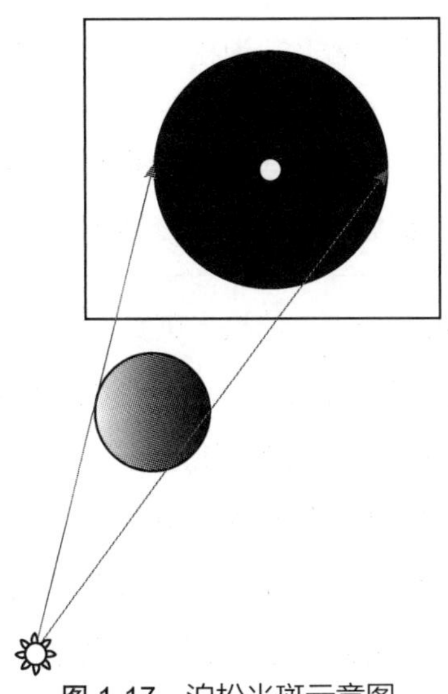

图 1-17　泊松光斑示意图

1818 年，法国科学家西莫恩·泊松也有同样的直觉。当时，菲涅尔对光的波动性质做了大量研究工作，除了严格的数学推导外，还做了很多实验。泊松对光的波动理论是怀疑的，为了推翻菲涅尔的观点，就以子之矛陷子之盾，用波动理论对衍射现象做出详细的分析。由此得出，用一个圆片作为遮挡物时，光屏的中心应出现一个亮点，这看上去很违反人们的直觉。对此，菲涅尔、阿拉戈等精心设计了一个实验，确认了这一亮斑的存在，从而证明了这一预言的正确性。后人将这种光斑称为泊松光斑（亦称阿拉戈斑或菲涅尔斑）。

由此我们可以看出，对于科学理论的怀疑，完全可以成为科学进步的动力。重要的是，这种怀疑应该是建设性的，事实上，当泊松揭示了波动理论与阴影中光斑之间的联系之后，他本人初始的动机是怀疑还是赞成已经不重要了。

事实上，这种波动在障碍物后面出现强度极大的现象，不仅对光波成立，对声波等其他波也一样成立。

本节中，我们先做一个光学的泊松光斑实验，再做一个声学的泊松光斑实验。

1. 光学的泊松光斑实验

近年来，激光笔已经非常普及，泊松光斑的实验因而变得非常容易。

☞ **安全提示**：实验中，一定要注意使用激光笔时的安全，任何时候，都要避免激光射入眼睛，包括通过镜面反射到眼睛中。

这里有必要向读者解释一下，泊松光斑实验并不是必须用激光作为光源。毕竟在泊松和菲涅尔的时代没有激光，但在那时这个实验就可以做成，而激光的出现是100多年后的事情。我们现在使用激光是由于它的亮度很高，可以使我们比较容易地看到相对较小、较暗的泊松光斑。

激光笔发出的是一束很细且笔直的光，我们在激光笔前面放一个小凸透镜，平行激光经过凸透镜会聚到焦点，然后继续传播发散，等效于一个点光源。这里使用的凸透镜焦距大约为3厘米，我们用硬纸卷成圆筒，在其前端安置透镜，然后套在激光笔上，以确保激光束与透镜同轴，如图1-18所示。

(a)

(b)

图1-18　激光笔、光束扩展透镜与遮光障碍物

实验中，我们使用的障碍物是一个钢珠，直径约为 12 毫米。将激光点光源发出的光投射到远处的白色墙面上，移动钢珠使之遮挡光斑，就可以看到墙上出现了一个圆形的影子。在这个实验中，光源到钢珠的距离约为 1 米，钢珠到白墙的距离约为 1.5 米。在这个影子的中心可以看到一个很小的亮点，这就是泊松光斑，如图 1-19 所示。

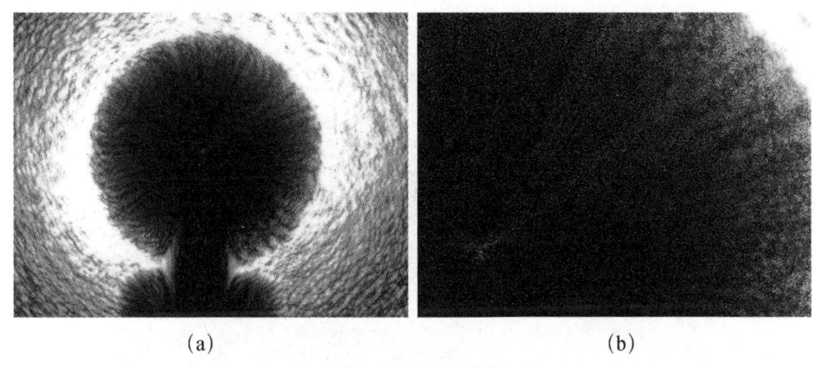

(a)　　(b)

图 1-19　光影及泊松光斑

障碍物遮挡了部分光波波面，使得电磁扰动重新分布。这些重新分布的电磁波在不同的位置叠加，形成不同的极大和极小。泊松光斑就是这样一个在圆形光影中心的极大。除此之外，我们还能在其他地方看到许多不同的极大与极小，尤其引人注目的是在几何光影区域以内的亮条纹与几何光影区域以外的暗条纹。

当使用激光作为光源时，由于激光良好的单色性、空间相干性及高亮度，我们可以看到更加丰富的亮暗条纹。由于这些条纹，钢珠的光影看上去像蒲公英一样，下部支柱部分看着像是一捆干草。

一个非常有趣的现象是，钢珠和下部较粗的支柱之间看上去像是有一小段比较细的圆柱。实际上，这段细柱并不存在，钢珠是与粗圆柱顶部直接相切的。激光通过钢珠和支柱顶部的间隙发生衍射，使得几何光影部分变小，从而产生一段看上去变细的圆柱。

2. 声学的泊松光斑实验

在任何波动的传播过程中，包括光波与声波，都存在衍射与干涉现象。在声波中，同样可以观察到类似泊松光斑的衍射现象。我们做过一个声学的泊松光斑实验，其实验装置如图 1-20 所示。

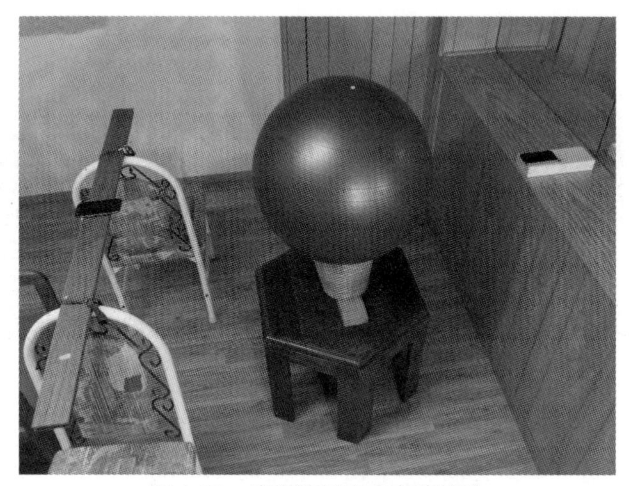

图 1-20　声学泊松光斑实验装置

实验中的障碍物是一个健身用的充气塑料球，直径约为 55 厘米。如果读者有条件找到更大的圆形物体（不一定是球体），则实验效果会更显著。障碍物要尽量用比较细的物体支撑起来，与地面距离应超过球的直径。球的四周应尽量开阔，以免周围物体反射声波，影响实验结果。

实验中的波动源是一部手机。我们在手机上下载安装了一个能生成正弦信号的应用软件。实验中，我们将手机发声的频率设定为 6000～7000 赫兹。选定这个频率是为了兼顾两个因素。一方面，我们希望声波的波长对比球体的直径尽量小，球体直径应该至少超过波长的 10 倍；但另一方面，如果频率太高，手机扬声器的响应可能会变差，此外，很多人会对频率太高的声音感到不适。基于这两方面的考虑，6000～7000 赫兹是一个比较适当的折中选择。声速大约是 340 米/秒，当频率为 6800 赫兹时，波长为 5 厘米。55 厘米的球直径为这一波长的 11 倍。

实验中使用的探测器，可以是我们自己的耳朵，也可以是下载安装了示波器应用软件的手机。我们可以将一只耳朵堵住，另一只耳朵放在球体与声源相对的一边。当声源、球心和耳朵处于一条直线上时，我们可以听到声源的声音变强；当耳朵偏离这个极大位置时，声源的声音明显变弱。这个处于球体“影子”中心的声波极大点，对应于前面在光学中看到的泊松光斑。

当我们用手机作为探测器时，可以如图 1-20 中那样用一根木条作为导轨。调整实验装置时，我们将导轨、球心与声源设置到相同高度，这样手机在导轨上移动时，就可以扫描到声波的极大点。当我们将手机缓缓地扫过导轨上的中心点时，示波器上可以记录下声波强度的变化，如图 1-21 所示。

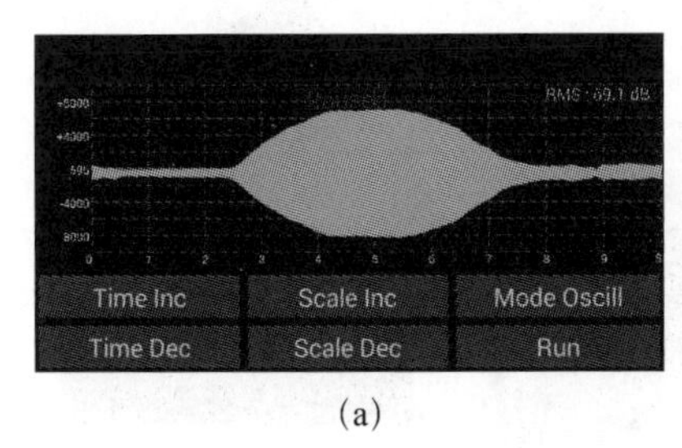

(a)

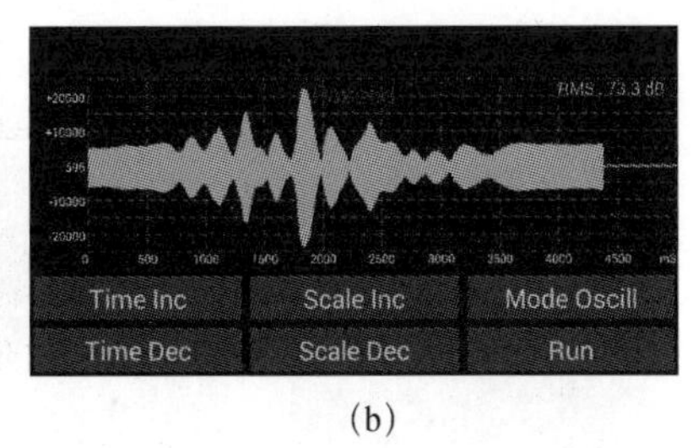

(b)

图 1-21　球体后方中心附近的声波强度（a），以及球体后方的多个声强极大与极小（b）

这个声学实验与前面讲到的光学实验有一个比较大的不同，就是障碍物与波长的比值。光的波长大约是 0.6 微米量级，因而直径为 12 毫米左右的障碍物是波长的 20 000 多倍，而声学实验中球的直径仅为声波波长的 11 倍，因此在球的后方，如果我们在中心附近相对比较快地往返扫描，则除了中心的极大外，还可以探测到多个极大与极小。

可以看到，以中间的泊松光斑为中心，在偏离中心的位置上基本对称地分布着若干极大与极小。这些极大与极小在二维空间实际上是一个个同心圆。

在光学泊松光斑实验中，如果障碍物是精确的圆形或球体，也同样存在围绕着中心光斑的同心圆。但是，由于障碍物直径与光波长的比值太大，所以同心圆的直径太小，因而人眼无法看清楚。

五、偏振片互相叠合的实验现象

生活经验告诉我们，当把半透明的物体叠合在一起时，叠合的物体越多透光率越低。但是有的时候，如图 1-22 所示，当我们把已经叠合得几乎不透光的两组薄片互相插在一起时，这四层插合在一起的薄片不是变得不透光，而是变得透亮了。两层不透光而四层反而透光，这好像太反常了。

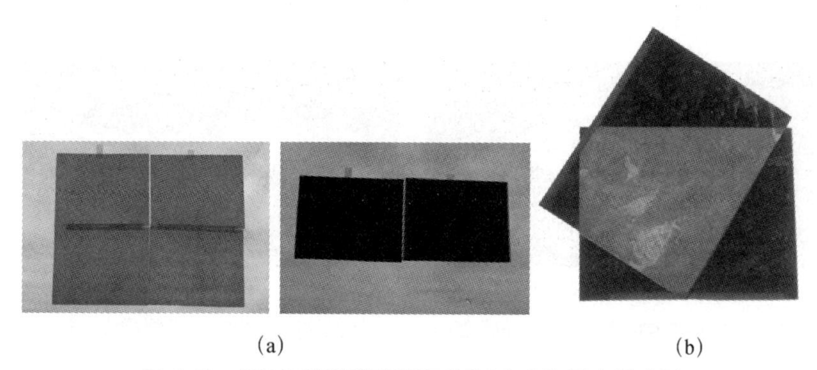

(a) (b)

图 1-22 两对不透光偏振片互相叠合变为透光的实验

这个实验用到的薄片是偏振片，假设第一组两个偏振片为 A、B，另一组为 C、D，它们在互相插合时是按照 A、C、B、D 的次序相叠的。叠合时，两组偏振片互相旋转了一个角度。

1. 偏振片是滤光片吗?

我们在学习照相或舞台美术时都会接触到滤光片。滤光片的作用是将某种颜色的光挡住，只让其他颜色的光通过。比如，我们有一个光源发出红光和蓝光，如果用一个橙黄色的滤光片挡住光束，就可以把蓝光挡住，只让红光通过；而青绿色的滤光片则会挡住红光，只让蓝光通过。如果光路上存在这样两个滤光片，则最后把两种光都挡住了，并且中间无论插入什么滤光片，都不会改变最终的结果，如图 1-23 所示。

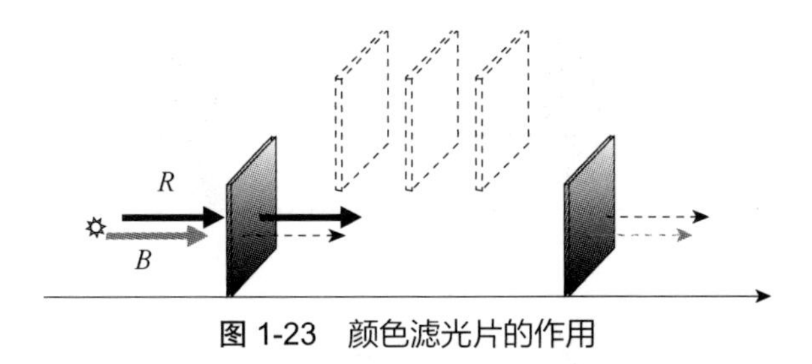

图 1-23　颜色滤光片的作用

但对于偏振片，情况就不同了。光是横波，通常光源发出的光包含了各种振动方向，当光通过偏振片后，就变成了基本只有一个振动方向的线偏振光。如果把两个偏振片叠合在一起，两个偏振片的偏振方向成一个夹角 θ，则透过偏振片的光强 I 为

$$I = I_0 \cos^2 \theta \quad (1\text{-}4)$$

在一种特殊的情况下，当夹角 θ 为 90 度的时候，透过光的光强为 0。由此可以看出，偏振片与滤色片不同：偏振片是让各种偏振状态的入射光在通过时都转换成一个给定的偏振方向，滤光片的作用是将光的某种颜色成分挡住。尽管光透过偏振片会变弱，但偏振片并不能被看成是一种滤光片。

2. 偏振片的叠合

为了更清楚地说明这一点，我们考虑将一个偏振片插入另外两个偏振片之间的情况，如图 1-24 所示。当我们在一束光的光路上放一对偏振方向互相垂直的偏振片时，透过第一个偏振片的光变成竖直振动，而当第二个偏振片在将竖直振动的入射光转换为水平振动时，根据式（1-4），透过光的强度几乎为 0。如果我们在两个偏振片之间再插入一个偏振方向倾斜的偏振片，情况就不同

了，竖直振动的入射光经过这个偏振片转换为倾斜振动，而当倾斜振动的入射光经过最后那个偏振片转换为水平振动时，根据式（1-4），透过光的强度就不再为 0 了。不难想象，当我们把中间偏振片的偏振方向转动到与第一个偏振片一致（竖直）或与第二个偏振片一致（水平）时，光强又会变回到 0。

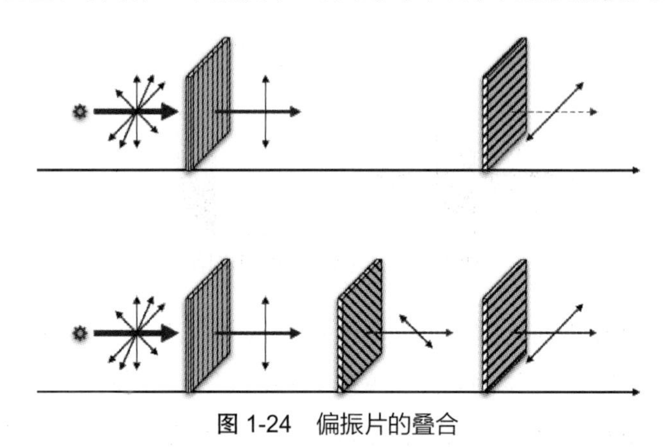

图 1-24 偏振片的叠合

我们通过一组简单的实验来观察偏振片叠合时的这种性质。我们通常使用的液晶平板显示器发出的光是线偏振的，由于平板显示器具有比较均匀的背光，因此用来做有关偏振光的实验比较方便，如图 1-25 所示。我们通过显示器前的两个偏振片可以看出显示器发出的光的偏振方向。我们使用的显示器，其偏振方向是竖直的。图中偏振片的偏振方向与中间矩形开口的短边一致。当我们在本来已经挡黑的偏振片与显示器之间再插入一个倾斜的偏振片时，三个偏振片叠合在一起反而变得透亮了。如果我们把中间偏振片的偏振方向转动到与显示器偏振片一致（竖直）或与第二个偏振片一致（水平）时，光强仍然为 0，如图 1-26 所示。我们开始时谈到了两组 4 个偏振片 A、C、B 与 D，它们叠合时的偏振方向分别是 0 度、45 度、90 度与 135 度。这样，偏振片 A、B 与 C、D 分别叠合时由于偏振方向互相垂直而不透光，但当 4 个偏振片叠合到一起时，由于光每经过一层偏振片时偏振方向旋转 45 度，于是我们就能看到两层薄膜不透光而 4 层反而透光的“反常”现象了。

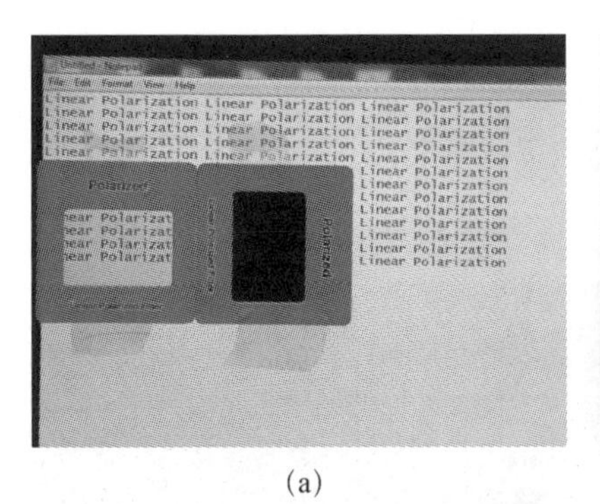

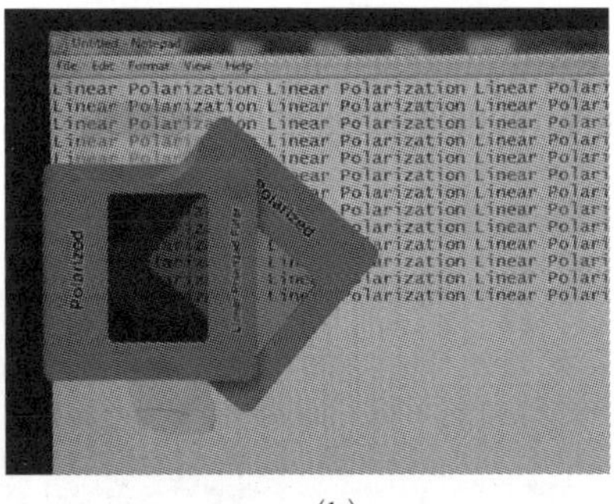

(a)　　　　　　　　(b)

图 1-25　偏振片与显示器偏振光的作用（a）及 3 个偏振片叠合在一起的透光现象（b）

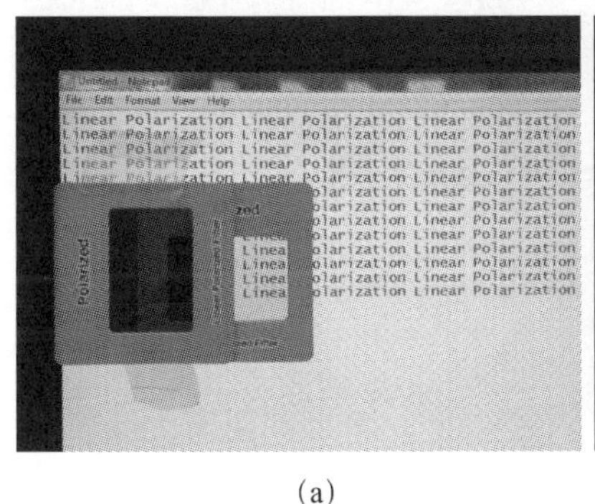

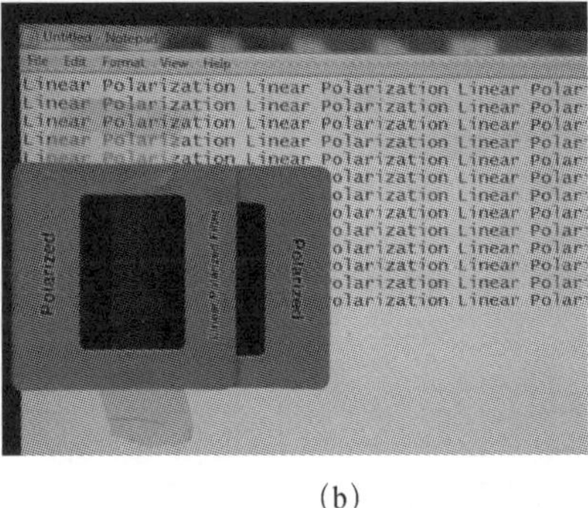

(a)　　　　　　　　(b)

图 1-26　中间偏振片的偏振方向转动到与显示器偏振片一致（a）或垂直（b）时的情形

六、自行车轮与磁共振成像

我们从一个自行车车轮的实验入手，讨论进动现象。进动现象不仅存在于宏观物体中，还存在于微观世界。事实上，原子核在磁场中的进动是核磁共振技术的基础。

1. 旋转刚体的进动

这里介绍一个相当经典的物理学实验。我们用绳子拴住一个自行车车轮车轴的一端，将其悬挂起来，如图 1-27 所示。如果我们将握住车轴另一端的手放开，根据经验，车轮应该由于重力的作用而倒下，车轴没有悬挂的那一端应该指向地面。

(a) (b)

图 1-27 自行车车轮单端悬挂示意图

这个经验在车轮没有旋转的情况下是对的。但是，如果车轮是旋转的，我们将看到一个出乎预料的现象。

笔者实际做了这个实验，并拍摄了录像。图 1-28 是录像的一些截图。首先，用手将自行车车轴没有悬挂的一端抬起，让车轴处于水平状态，另一只手拉动车轮外缘，让车轮围绕着车轴快速旋转。当我们将握住车轴的手放开时，会发现车轮并不翻倒下来，而是继续保持车轴水平的状态。当然车轴也不是处于静止状态，而是在一个水平面上缓缓地改变指向。

图 1-28 旋转自行车车轮的进动现象

对于一个旋转的刚体，旋转轴这种缓缓地改变指向的运动叫作进动。

当我们更加仔细地做这个实验时会发现，进动的速率与车轮的转速有关，车轮转得越快，进动的速率就越缓慢。此外，如果让车轮朝相反方向转动，则进动的方向也会反过来。

这个现象可以通过角动量与力矩的关系来解释。如果一个转动刚体的转动惯量为 I，角速度为 $\boldsymbol{\omega}$，则在外加力矩 T 的作用下，其角速度随之发生改变。

$$\boldsymbol{T} = I\frac{\mathrm{d}\boldsymbol{\omega}}{\mathrm{d}t} \tag{1-5}$$

不难看出，这个关系式与质点的牛顿第二定律非常相似。注意，角速度 $\boldsymbol{\omega}$ 是一个矢量，其方向是沿着转动轴的，如图 1-29 所示。外加力矩 $\boldsymbol{T}$ 也是一个矢量，大小与外力及力臂之积成正比，方向与外力及力臂矢量的方向都是垂直的。

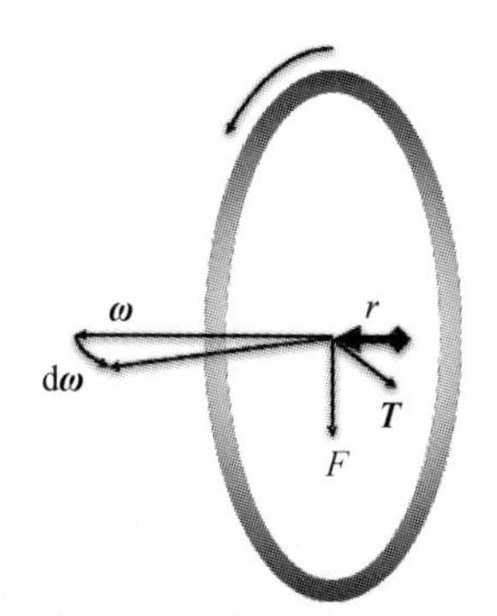

图 1-29　角速度变化量与力矩的关系

$$\boldsymbol{T} = \boldsymbol{r} \times \boldsymbol{F} \tag{1-6}$$

在自行车车轮的实验中，车轮重力产生的力矩与车轮角速度的方向垂直，因此，这个力矩不会使得车轮角速度的大小发生变化，仅仅能使角速度的方向发生变化。这种角速度的方向变化表现为车轮的旋转轴的指向缓缓地进动。

2. 核磁共振与磁共振成像

任何具有角动量的物体，在外加力矩的作用下，都会使其角动量的指向缓缓地进动。组成物质的原子核由于其内部的运动具有角动量和磁矩，当外界存在磁场时，原子核就像一个小磁针一样受到一个力矩。如果原子核不具有角动量，则它们就会简单地按照磁场方向排列，而没有其他运动。事实上，由于原子核除了具有磁矩还具有角动量，因此其角动量的指向会发生进动，而这种进动会产生一定频率的电磁波。

在给定的磁场中，不同物质产生的电磁波频率是不同的，如果我们探测到这种特定频率的电磁波，就可以知道某种物质的存在。这就使我们有了一种无损检测的方法，这种方法叫作核磁共振（NMR）。这种方法进一步用于医学成像，就成为一种非常有用的检测与诊断技术，即磁共振成像（MRI）。

磁共振成像可以获得患者体内物质在三维空间分布的信息。为了便于医生解读，检查的结果往往被显示成为许多断层图像，通常一次检查可以产生几十乃至 100 多幅断层图。一个典型的磁共振成像检查结果的断层图像如图 1-30 所示。从这个断层图像中，我们可以清晰地看到患者的颈椎、椎间盘及其周边组织的情况。我们利用三维的信息还可以生成横向截面图，从图中可以看到牙齿、舌头等组织。

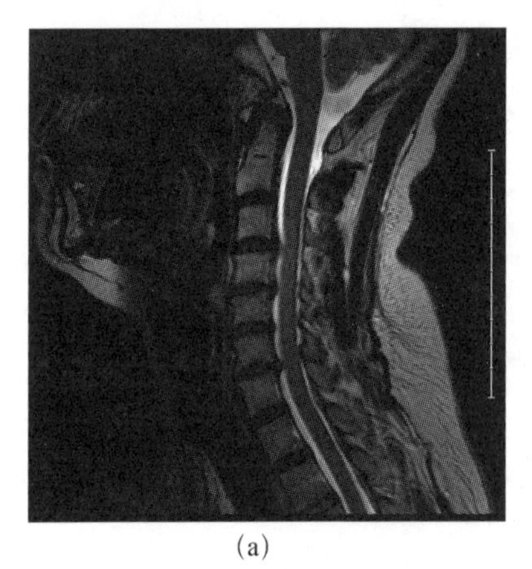

(a)

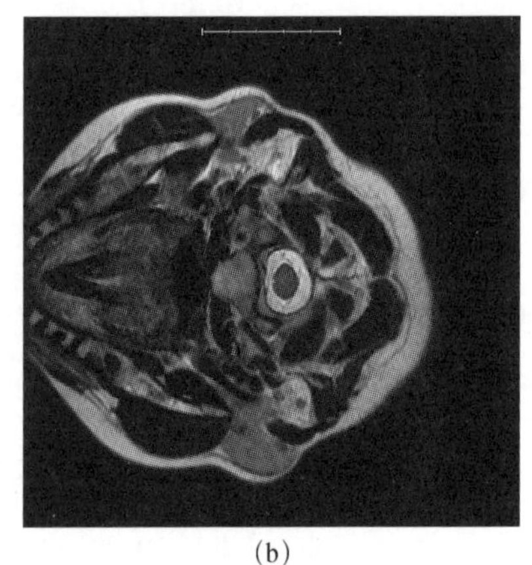

(b)

图 1-30　磁共振成像的结果：纵向截面（a）与横向截面（b）

“磁共振成像”这个名称去掉了“核”字，仅仅是为了减少公众不必要的担心，其机制仍然是基于原子核在磁场中的进动。

除了磁共振成像外，还有一种常见的医学成像技术是计算机断层扫描（CT）成像，这两种技术由于机制不同，因此看到的内容也不完全相同。很多情况下，医生需要对比两种成像检查所生成的图像，才可以对患者的情况做出正确判断，找出真正的病因，排除不必要的担心。

七、海潮为什么每天涨落两次？

月球是和人们生活联系最紧密的天体之一。大海的潮汐主要是由月球的引力造成的。不过，这让我们发现了一个问题：月亮每个昼夜出现在天空中一次，而大海的潮汐每个昼夜却出现两次，这是为什么呢？另外，我们在地球上只能看到月球的一面。再有，精确的测量表明，月球是逐渐地远离地球的。这两种现象实际上也是潮汐力作用的结果。

事实上，不仅是月球，太阳系中许多行星的卫星，乃至冥王星及其卫星组成的双星系统，也都是按照类似的规律运动的。我们将在本部分就这些现象进行一些讨论。

1. 潮汐每天涨落几次？

潮汐每个昼夜究竟是出现一次还是两次，这是一个十分重要的问题，它关系到在海边生活的人的安全。很多同学都有一个当船长的梦想，不过，不要说当船长，即使是当一名水手，也必须清楚地知道每天什么时间涨潮或落潮。

既然潮汐现象主要是由月球的引力造成的，那么按照我们的直觉，似乎我们每个昼夜都应该看到一次涨潮落潮才对。然而，事实上，每个昼夜有两次涨潮落潮。这种现象在海边很容易观察到。海水的水位从最低到最高或从最高到最低只需要 6 个小时，而不是 12 个小时。因此，只要在海边待几个小时，就可以看到显著的水位变化，如图 1-31 所示。

(a)

(b)

图 1-31　海边的潮汐现象

有的读者可能会问：我们每天看到的两次涨潮是不是分别由月球和太阳吸引起来的呢？如果真是这样，那么在农历初一的时候，太阳和月亮在同一个方向上，则应该看到海水的水位在中午达到高潮，而在深夜落到最低，每昼夜只有一次涨落潮。然而，实际上，我们仍然可以看到每个昼夜有两次涨潮落潮，在中午和在深夜时水位都是最高的。

此外，在农历十五的时候，太阳与月亮分别处在地球的相反方向，在这种情况下，我们在直觉上会觉得太阳与月亮的引力似乎应该互相抵消，因而没有潮水。事实上，在农历十五的时候，和农历初一时一样，海水在中午和深夜的时候分别会出现一次高潮。

显然，我们在建立原有直觉时忘了些什么，现在需要全面思考，加以修正，建立新的直觉。地球和月球之间存在万有引力，同时也存在相对的公转运动。正是由于这样一个万有引力，月球和地球才会组成一个双天体系统。我们通常说，月球围绕着地球公转，这只是一种近似的说法。事实上，月球和地球都围绕着它们共同的质心公转。我们可以想象，双人滑运动员彼此拉紧手在冰面上旋转，尽管通常男选手的体重比女选手重很多，但他们不是在围绕男选手的质心转动，而是在围绕着他们共同的质心转动。

我们设想做这样一个实验：让两位体重相差悬殊的同学双手拉紧旋转起来，体重较大的同学背一个背包，这个时候，他们的手提供了一个相互作用力，这就像地球和月球之间的引力。同时，体重较大同学的背包也被甩起来，这就像是地球上当月球处于另一面时海洋的潮水，如图 1-32 所示。

图 1-32　双人拉手旋转

☞ **安全提示：** 这个实验有一定的危险性，建议你不要轻易做。如果你希望体验一下，一定要提前活动好所有关节，且实验中动作切勿过猛，以防受伤。

由于地球和月球都绕着它们共同的质心公转，因而在地球表面靠近月球的一面，海水会被吸引得高一些；而在远离月球的另一面，海水会被甩得高一些。这样，就使得海水每天出现两次高潮。

总之，在月球的作用下，地球上的海平面像一个香瓜的形状，而不是鸡蛋的形状，如图 1-33 所示。

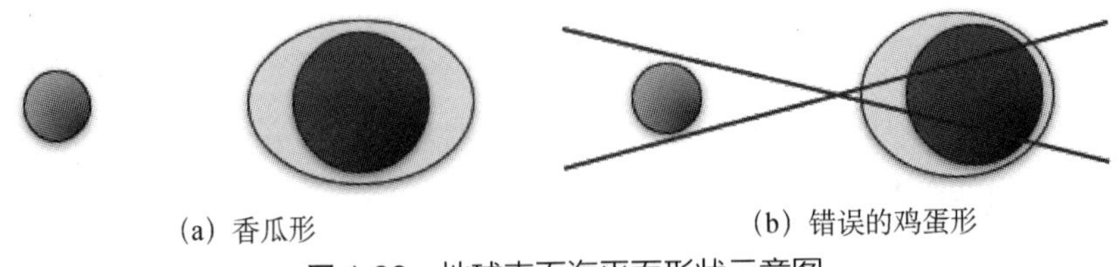

图 1-33　地球表面海平面形状示意图

除了月球外，太阳也会引起地球表面的潮汐，从强度上看，月球潮汐的分量通常大于太阳的潮汐分量。它们引起的潮汐都分别存在两个高峰，我们平时在海里观察到的潮汐是太阳和月亮两种潮汐叠加作用的结果。在农历初一和十五时，太阳和月亮潮汐的高峰相加，潮水的幅度最大，而农历初七和二十三时，太阳潮汐的高峰与月亮潮汐的低谷重合，潮水的变化幅度比较小。这两种情形如图 1-34 所示。

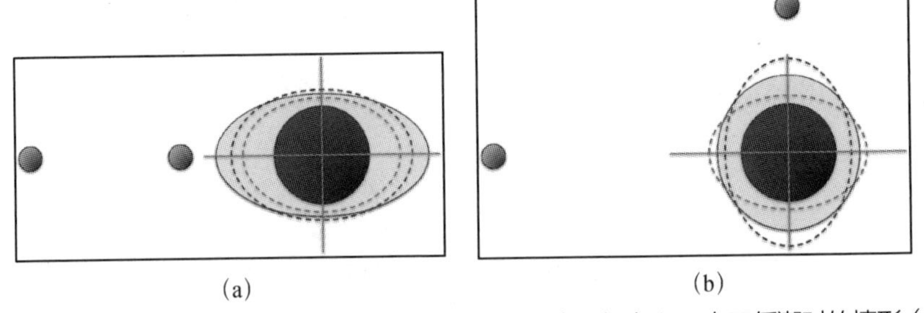

图 1-34　农历初一和十五大潮时的情形（a），以及农历初七和二十三低潮时的情形（b）

事实上，不仅是液体，固体的地壳也会产生潮汐，这种潮汐叫作固体潮。在地球上的很多地方，固体潮的升降或平移幅度达到 30～40 厘米，不过，由于这种升降与平移是在一个很大的地区均匀发生的，所以我们平常不容易察觉到。

2. 月球的自转与公转周期

千百年来我们只能看到月球的一面，也就是说，月球的自转周期与围绕地球的公转周期完全相等。这的确是一件奇妙的事情，但背后的道理并不复杂，至于有的人据此以为月球是外星人制造的，这是毫无依据的。

月球刚刚成为地球卫星的时候，自转周期与公转周期完全可以是不同的。不过，地球的引力也会在月球上产生潮汐，在月球处于熔岩阶段时是流体潮，在冷却凝固后是固体潮。当自转周期与公转周期不同的时候，潮汐与月球本体会发生摩擦。这种潮汐摩擦会改变月球的自转周期，自转过快时，使之变慢；自转过慢时，使之变快。这样，月球的自转周期与公转周期最终达到完全相同，这种现象叫作潮汐锁定。

事实上，太阳系中很多大行星的卫星都是潮汐锁定的，它们的自转周期与围绕母星公转的周期完全相同。冥王星（它曾经被看成是大行星，但按照现在天文学的标准，它已经不是一颗大行星，而是一颗矮行星）与它最大的卫星凯伦达到了互相的潮汐锁定，也就是说，它们都围绕共同的质心公转，而它们的自转周期都与公转周期相同。冥王星与凯伦都只有一面对着对方。由于潮汐摩擦的作用，地球自转是逐年变慢的，大约每 100 年地球日长增加 1.6 毫秒。在 4 亿多年前，每年有 400 日。

月球引起地球表面的潮汐，潮汐隆起的物质也通过万有引力“拖曳”着月球。这种拖曳作用将地球的自转动能转化为月球的公转动能，引起月球公转速度增加。这种加速使得月球倾向于飞离地球。月球和地球之间的距离在 36.3 万到 40.6 万千米之间，经过精确的测量发现，月地之间的距离平均每年增加 3.8 厘米左右。

3. 潮汐力对天体演化的影响及洛希极限

我们前面谈到潮汐的作用是在星球的一面吸引，另一面向外甩，因而潮汐力是倾向于撕裂天体的。在一个大天体周围公转的小天体，如果其与大天体之间的距离太近，潮汐力大于小天体自身的万有引力，它表面的物质就会飞出去，小天体最终将被撕成小块。

小天体到大天体之间的最小安全距离叫作洛希极限（Roche limit）。洛希极限与两个天体的密度比及大天体的半径有关。此外，对于流体或刚体的小天体，这个极限的具体数值也有所不同。当小天体与大天体密度相同时，对于刚体的小天体，其洛希极限为大天体半径的 1.26 倍。而如果小天体是流体，显然更容易被大天体撕碎，其洛希极限为大天体半径的 2.42 倍。

这里特别需要指出，小天体进入洛希极限后，被撕碎的是由万有引力结合起来的部分。如果小天体不同部位之间存在其他结合作用力，则完全可能保持完整。比如，人们发射的人造地球卫星和空间站等，大部分都是在地球的洛希极限之内的。但由于卫星各个部位是由材料的分子间作用力结合的，因此卫星通常会保持完整。如果我们设想卫星的两个部件在空中分开，互相之间没有连接，情况就不同了。这两个部件相互之间固然存在万有引力，如果它们处在远离任何天体的地方，它们之间的引力应该可以将它们拉在一起。而如果在近地轨道，它们之间的相互引力远远小于潮汐力，其结局是两个部件最终会分开，或者说被地球撕碎。

关于洛希极限的具体推导与计算，有兴趣的读者可以自行查阅相关资料。

扫一扫，观看相关实验视频。

第二章　从台球到引力弹弓：完全弹性碰撞

打台球是一种需要技巧，锻炼手、眼、脑协调，同时很有趣的游戏。在练习打台球的技巧时，如果能充分利用物理学中的力学知识作为指导，往往可以获得较快的进步。同时，包括台球在内的各种球类运动中，完全弹性碰撞是最重要的力学知识之一。而人们通过研究完全弹性碰撞所积累的知识，可以应用到一些看上去并不像碰撞的物理现象，如引力弹弓，也就是一个飞行器通过飞近然后飞离大行星的过程获得加速或减速。本章中，我们从介绍台球的一个简单技巧开始，探讨完全弹性碰撞的一些问题，最后介绍引力弹弓的相关知识。

一、台球技巧

举一个最简单的例子，我们打台球时最不想看到的是，主球（白球）在碰撞目标球（色球）后，跟着目标球一起滚入边袋或角袋。那么，如何避免主球与目标球碰撞后继续运动呢？我们击球的力度应该大一些还是小一些呢？

人们通常凭直觉总会倾向于击球轻一些，但往往发现效果不好。为了比较系统地弄清楚这个问题，我们可以实际地做个实验。

安全提示：实验中应注意爱护台球桌和相关器材。击球动作要稳，不要让台球跳离桌面伤到人，击球杆端部不要戳到台球桌面，桌面要保持清洁，不可乱放杂物。

1. 实验现象

为了简化问题，我们把主球、目标球与一个角袋摆在一条直线上，这样，不需要很复杂的瞄准，只要主球与目标球对正碰撞，目标球就可以被击入角袋。

如果用比较大的力度击球，如图 2-1 所示，主球飞出速度较快。这时可以发现，只要我们瞄准得足够准直，主球碰撞目标球后，基本上会停住不动。反之，如果我们用比较小的力度击球，主球会慢慢地滚向目标球，两球相碰后，主球的速度变慢，两球会一起向前滚动，如图 2-2 所示。在这两组视频截图中，根据主球或目标球图像拉长的程度，我们可以粗略地感觉到球的速度。

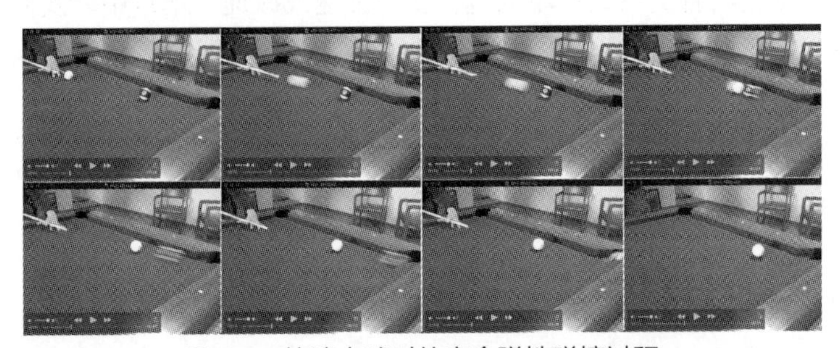

图 2-1　快速击球时的完全弹性碰撞过程

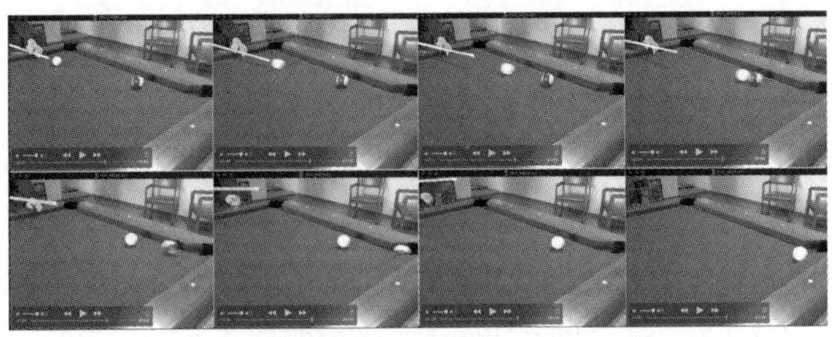

图 2-2　慢速击球时主球和目标球的运动状况

我们首先分析击球速度比较快的情况，在这种情况下，主球在碰到目标球之前及两球碰撞后一段短时间内基本没有转动。这样，两个球的运动可以简化成两个质点的运动。

2. 质点的完全弹性碰撞

当两个质点互相碰撞时，它们在碰撞过程中分别受到方向相反的两个作用时间很短的冲击力。整个碰撞过程运动的细节可能非常复杂，但它们碰撞前与碰撞后的运动状态比较简单。碰撞前与碰撞后的总动量是守恒的：

$$P = m_1 v_{10} + m_2 v_{20} = m_1 v_1 + m_2 v_2 \tag{2-1}$$

式中，P 是系统的总动量；m_1 与 m_2 分别是两个质点的质量；v_{10}、v_{20} 与 v_1、v_2 分别是这两个质点碰撞前与碰撞后的速度。

一般情况下，动量或速度在三维空间中有三个分量，动量守恒对三个分量都分别成立。但这里只考虑一种特殊简化的情况，即所有质点都在一条直线上运动，动量或速度的其他两个分量都是 0，动量守恒因而也只有一个关系式。注意：在一条直线上，速度或动量是可以大于 0，也可以小于 0 的，我们可以选择从左向右的运动为正，而从右向左的运动为负。

完全弹性碰撞是指碰撞的过程中系统的能量没有损失，没有变成热能等其他形式。于是，碰撞前与碰撞后的总机械能也是守恒的：

$$E = \frac{1}{2} m_1 v_{10}^2 + \frac{1}{2} m_2 v_{20}^2 = \frac{1}{2} m_1 v_1^2 + \frac{1}{2} m_2 v_2^2 \tag{2-2}$$

注意：无论物体朝哪个方向运动，且无论速度值是正数还是负数，机械能总是大于或等于 0 的。此外，无论碰撞运动是在一维、二维或三维空间中，能量守恒公式只有一个。

在一维运动的情况下，如果我们知道两个质点的初始速度，于是只剩下 v_1 与 v_2 这两个未知数。现在共有两个方程，因此可以解出这两个未知数，这两个方程的解析解留给读者去完成。这里，我们着重用图像方法探讨这个运动过程的物理意义。

3. 两个相同质量质点在一维空间的完全弹性碰撞

可以将台球的快速碰撞问题看成是两个质量相同的质点碰撞，即 $m_1=m_2=m$。这时式（2-1）和式（2-2）简化为

$$P/m = v_{10} + v_{20} = v_1 + v_2 \tag{2-3}$$

$$2E/m = v_{10}^2 + v_{20}^2 = v_1^2 + v_2^2 \tag{2-4}$$

式（2-3）和式（2-4）的解可以通过观察得到，共有两组解，第一组解为 $v_2=v_{20}$，$v_1=v_{10}$，也就是说，两个质点保持原有速度不变，实质上相当于两个质点擦肩而过，没有碰撞；第二组解是 $v_2=v_{10}$，$v_1=v_{20}$，也就是说，两个质点碰撞后，它们的速度正好交换。显然，如果其中一个质点的初始速度为 0，两个质点交换速度意味着经过碰撞后，另一个质点的速度会变成 0。当我们用主球去击打静止的目标球后，目标球获得了主球的全部能量，其末速度和主球的初始速度一样。而主球则变成静止，停在对撞点上不再向前运动，如我们在实验中所见。

为了进一步探究更一般的情况，我们将式（2-3）和式（2-4）的函数图形画在图 2-3 中，其横坐标为 v_1，纵坐标为 v_2。在图中，式（2-3）是一条从左上到右下的斜线，与水平方向成 45 度角。根据参量 P/m 的不同，直线的具体位置也是不同的。而式（2-4）则是一个圆。我们假设两个球的速度的平方和为 1，则这个圆的半径是 1。碰撞过程的初始与结束状态必须同时满足动量守恒定律与机械能守恒定律，因此，两个质点的速度只能是在直线和圆的交点上的值。一个交点为初始状态，另一个交点为结束状态。

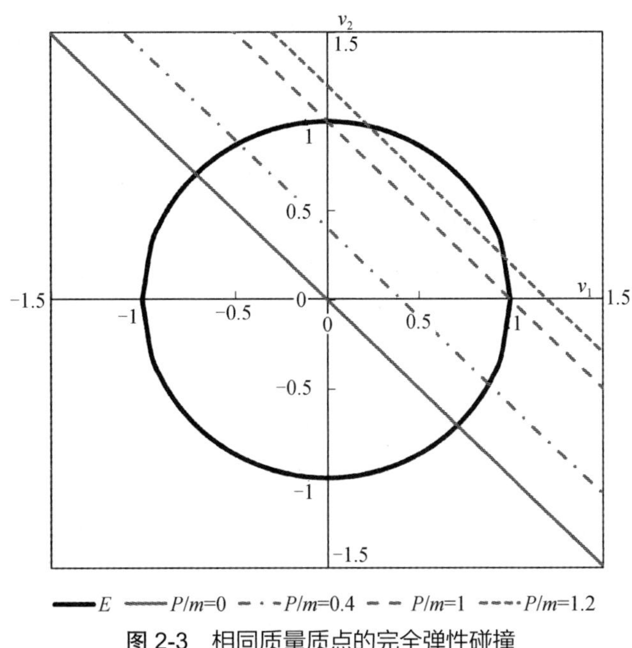

图 2-3　相同质量质点的完全弹性碰撞

在图中，P/m=0 直线表示两个质点的初始速度大小相等而方向相反。当这两个质点迎头对撞之后，两者交换速度，向相反方向分开。P/m =1 则反映了一个质点静止，另一个质点运动，如我们打台球的情形。除了这两种特殊的情况，介于二者之间的是两个质点相向运动的情形，只不过一个快些另一个慢些。最后当 P/m >1 时，出现一个质点追逐另一个质点的情况，有点像公路上发生的追尾事故。在所有这些情况下，碰撞后的结果都是两个质点互相交换速度。

这个结论成立的前提条件是，参与碰撞的两个物体必须可以近似地看成是质点。台球在快速飞过台面时，台面与球之间的摩擦力来不及使台球转动，因而可以近似地看成是质点，两个球碰撞后交换速度，因此主球能够停下来；而当台球慢速运动时，它处于转动状态，总动能除了平动部分还有转动部分，因而不再是质点。这样当两个台球相撞时，转动动能无法全部传递给另一个球，所以主球会跟着目标球继续向前滚动。

4. 两个相同质量质点在二维空间的完全弹性碰撞

在二维空间中，当一个静止的质点被另一个相同质量的质点碰撞后，它们并不一定会沿着原来的方向运动，而是可能分别朝着两个不同的方向运动，如图 2-4 所示。各个质点运动的角度，可以有不同的数值，但两个角度之和或两个方向矢量之间的夹角总是 90 度，这是一个非常有用的结果。

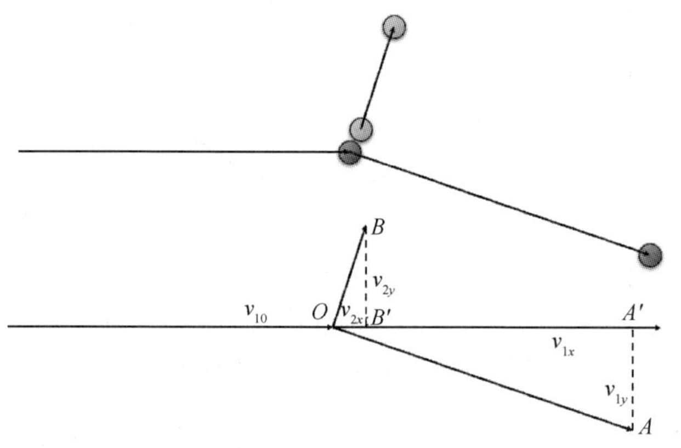

图 2-4　在二维空间的完全弹性碰撞

这个结果可以从式（2-1）和式（2-2）中推出，我们选取两个质点初始位置的连线作为 x 轴，它们碰撞前后的动量在 x 和 y 方向的分量都必须是守恒的。由于 $v_{20}=0$，$m_1 = m_2= m$，我们可以得到

$$v_{10} = v_{1x} + v_{2x} \tag{2-5}$$

$$0 = v_{1y} + v_{2y} \tag{2-6}$$

$$v_{10}^2 = v_{1x}^2 + v_{1y}^2 + v_{2x}^2 + v_{2y}^2 \tag{2-7}$$

我们将式（2-5）和式（2-6）两边同时平方，相加，然后减去式（2-7），则有

$$0 = 2v_{1x}v_{2x} + 2v_{1y}v_{2y} \tag{2-8}$$

根据式（2-8），从图 2-4 中可以看出，三角形 OAA'与三角形 $OB'B$ 是相似的，由此不难推出，$\angle AOB$ 为 90 度。

在台球桌上，很容易对这个结果进行实验验证。我们拍摄了一段用主球击打目标球的视频，注意要打得偏一点，让两个球朝不同方向飞开。我们把视频的几幅截图用照片处理软件叠合起来，就可以清楚地看到它们碰撞后的飞行方向，如图 2-5 所示。

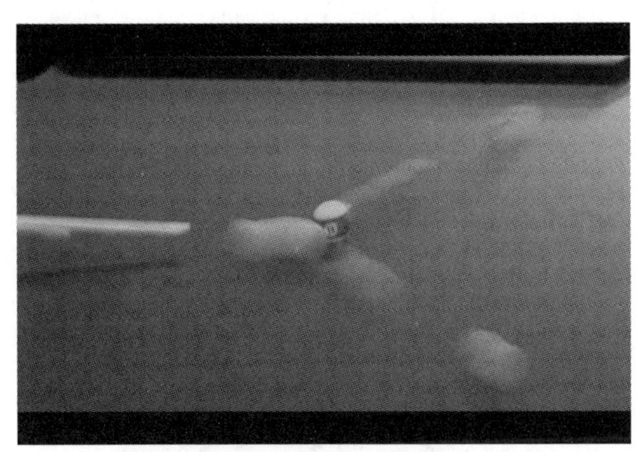

图 2-5　弹性碰撞后两个台球的飞行方向

在做这个实验时，应该将照相机的位置尽可能放得高一些，还可以进一步测量碰撞点的坐标及两个球飞开后碰到台边的位置，从而算出两个运动方向之间的夹角。

二、运动物体与静止物体相碰撞：卢瑟福实验

当两个质点的质量不同时，碰撞现象会显现出更加丰富的特性。为了简化问题，我们只讨论质点在一维空间的运动。

1. 一个质点碰撞另一个静止质点

我们首先研究一种特殊的情况，即一个质量为 m_1 的质点碰撞另一个质量

为 m_2 的静止质点。在这种情况下，碰撞前后动量守恒和动能守恒的关系式可以写成

$$P = m_1 v_{10} = m_1 v_1 + m_2 v_2 \tag{2-9}$$

$$E = \frac{1}{2} m_1 v_{10}^2 = \frac{1}{2} m_1 v_1^2 + \frac{1}{2} m_2 v_2^2 \tag{2-10}$$

把式（2-9）和式（2-10）看成是 v_1 与 v_2 的函数，以不同的质量比值为参量，画到图 2-6 中。

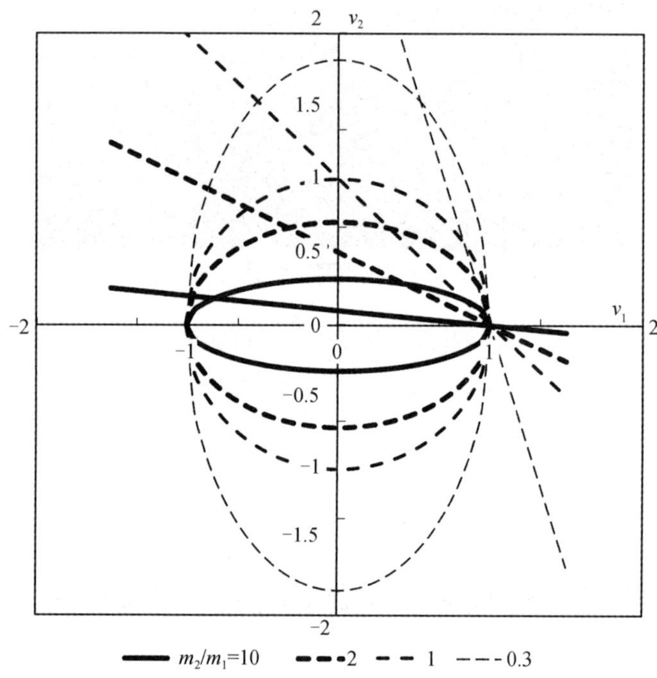

图 2-6　运动质点与静止质点的完全弹性碰撞

可以看到，无论是轻的物体撞击重的物体，还是重的物体撞击轻的物体，被撞物体总会获得向前运动的速度，即 $v_2>0$。对于 v_1，当比较重的物体撞击比较轻的物体时，v_1 比初始速度要小，但仍是正值。这就是说，撞击后，重的物体速度会降低些，但仍然会继续向前；反之，如果是轻的物体撞击重的物体，$v_1<0$，表示轻的物体会反弹回来。这两种情况的分界是 $m_2/m_1=1$，即两个质点

质量相同。我们已经知道，这两个质点碰撞后会交换速度，v_1 变成 0，而 $v_2=v_{10}$。

这个结论可以用一个简单的实验来验证。找一个大小与台球差不多的塑料球，放在台球桌上，如图 2-7 所示。如果用台球撞击塑料球，由于塑料球的质量比较轻，就会看到台球在撞击后仍然跟随塑料球向前运动；反过来，用塑料球撞击台球，会看到塑料球反弹回来。

图 2-7　较重台球碰撞较轻塑料球后的情景

此外，我们还经常会看到台球碰到台边后反弹回来，或者皮球碰到地面、墙壁反弹回来。这种情况可以看成是物体与另一个质量为无限大的物体的碰撞。

2. 卢瑟福实验

通过碰撞后是否反弹，可以判断碰撞的两个物体中哪一个比较重。这个现象在物理学史上为我们认识原子的结构发挥过重要的作用。

1908～1913 年，卢瑟福和他的实验组用 α 粒子（α 粒子是由两个质子和两个中子组成的，是放射性物质衰变的产物）去撞击金箔，实验的示意图见图 2-8。

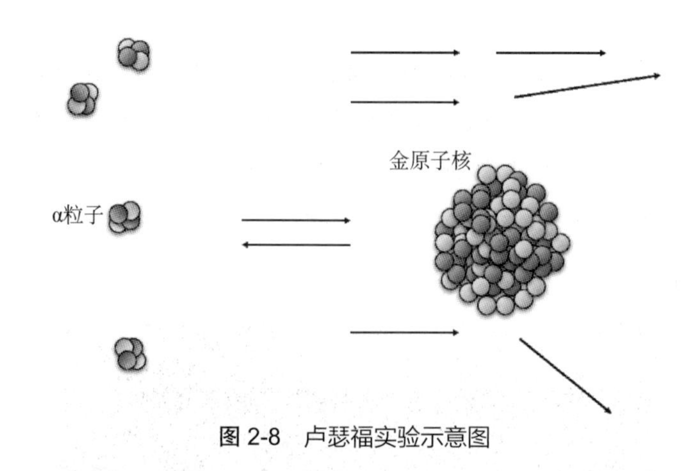

图 2-8　卢瑟福实验示意图

实验结果表明，大部分 α 粒子会飞过金箔，几乎不改变方向，而有少量粒子会偏转很大一个角度，有的甚至会朝相反的方向反弹回来。这说明金箔中一定存在比 α 粒子重的颗粒，这就是原子核（当然，我们这里的分析过于简化了，实际上需要对 α 粒子散射的角分布进行更完整的分析，才可以得到原子里存在原子核的结论）。

在这个实验之前，人们认为原子是一团带正电的物质，里面镶嵌着电子，就像李子镶嵌在布丁里一样，这种原子的模型因此叫作李子布丁模型[图 2-9（a）]，也有人把李子布丁模型更形象地称为枣糕模型。

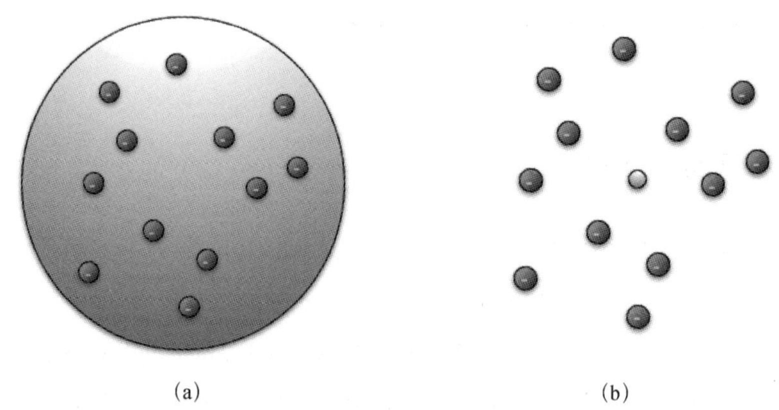

图 2-9　原子的李子布丁模型（a）与原子的核式模型（b）

卢瑟福的实验证明原子不是像布丁那样，而实际上是核式的，即电子分布在原子核周围，示意图见图 2-9（b）。原子核的直径是整个原子直径的几千分之一到 10 000 分之一，原子外围巨大的空间中只有电子。那么，电子为什么不会被原子核吸引落到原子核上呢？毫无疑问，电子总是处于运动状态的，当时人们想象，电子有点像太阳系里行星围绕着太阳旋转。现代量子理论发展起来后，人们认识到原子里的电子更像是围绕在原子核周围的云。对此感兴趣的读者可以查阅相关资料了解更多的内容。

3. 两个质点的等速对撞

本节中，我们着重讨论另一种特殊情况，就是两个质量不同的质点以相同速度对撞，即 $v_{20}=-v_{10}$ 的情形。在这种情况下，碰撞前后动量守恒和动能守恒的关系式可以写成

$$P=(m_1-m_2)v_{10}=m_1v_1+m_2v_2 \tag{2-11}$$

$$E=\frac{1}{2}\left(m_1+m_2\right)v_{10}^2=\frac{1}{2}m_1v_1^2+\frac{1}{2}m_2v_2^2 \tag{2-12}$$

首先假设第一个质点的质量为第二个质点的 10 倍，式（2-11）和式（2-12）所表示的函数可以在图 2-10 中画出。

在图中，动量守恒的等式仍然是直线，只不过它的斜率与两个质点的质量之比有关，动能守恒的等式则变成了一个椭圆。图中椭圆与直线存在两个交点，其中一个是（1，−1），是对撞前的初始状态，两个质点的速度分别是 1 和−1 单位速度；另一个交点是对撞后的状态，可以看出，v_1 的速度比原来小了，但方向没有变，说明比较重的质点仍然会沿着原来的运动方向继续运动。而 v_2 从原来的−1 变成了 2.7 左右，说明比较轻的质点被撞得运动方向反转，而且速度也比原来更快了。

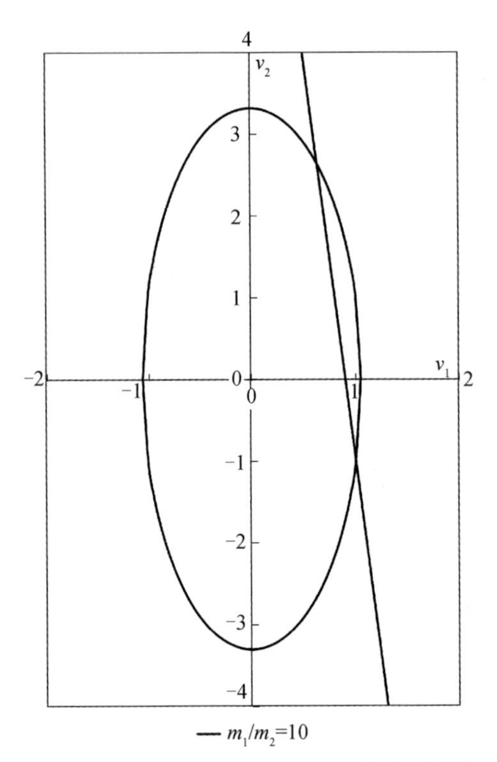

图 2-10　质量比为 10 倍的两个质点的等速对撞

我们通过一个实验直观地感受一下这种现象。当一个橡胶球坠落地面反弹时，它们通常是反弹到比原来的高度稍微低一点。弹力越好的球，反弹过程中机械能损失越少，越能反弹到更接近原有高度，但绝不会超过原有高度。换句话说，橡胶球的反弹速度小于或等于反弹前的速度。可是，如果让这个橡胶球去对撞一个比较轻的塑料球，塑料球却会获得一个比较大的速度，因而被撞击到很高。在这个实验中，将一个橡胶弹力球和一个塑料球上下对齐，如图 2-11 所示，中间放了一个橡胶垫圈，以确保塑料球不会滚落，然后让塑料球跟着橡胶球同时坠落地面。橡胶球碰到地面后随即反弹，与塑料球对撞，这时我们可以看到，塑料球会获得一个很大的速度，向上飞很高。这和我们前面看到 v_2 比原有速度快的结果是相符合的。注意：物体的动能与速度的平方成正比，当速度变成原来的 2.7 倍时，动能变为原来的约 7.3 倍，这样塑料球应该飞到原高度的约 7.3 倍。不过，由于橡胶球反弹及其与塑料球对撞过程中的机械能损失、空气阻力等因素，塑料球反弹的高度会低于计算出的高度。

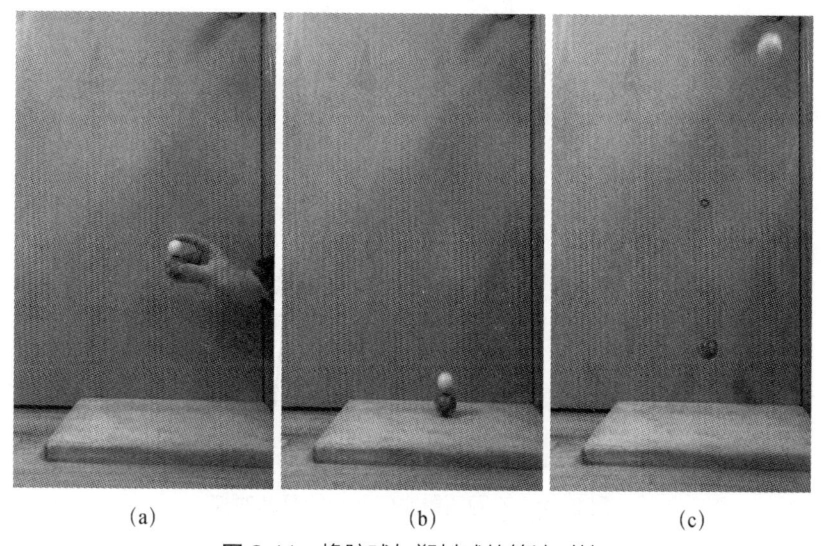

(a)　　(b)　　(c)

图 2-11　橡胶球与塑料球的等速对撞

我们进一步讨论两个质点的质量在不同比值的情况下的这种对撞特性。在图 2-12 中，我们画出了几个 m_1/m_2 不同数值的情况。其中，$m_1/m_2=1$ 表示两个质点质量相等，在这种情况下，两个质点对撞之后交换速度，朝相反方向分开。而 $m_1/m_2=3$ 是一个分界线，当 $m_1/m_2>3$ 时，两个质点的质量相差悬殊，碰撞后 v_1 为正值，也就是说，较重的质点会维持原来的运动方向；当 $m_1/m_2<3$ 时，碰撞后 v_1 为负值，也就是说，较重的质点的运动方向会反转。这个性质与我们日常生活中的直觉是相符的。当两个质点的质量比正好为 3 时，碰撞后 v_1 为 0，在这种情况下，较重的质点的全部动能都传递给了较轻的质点，自己则不再运动。

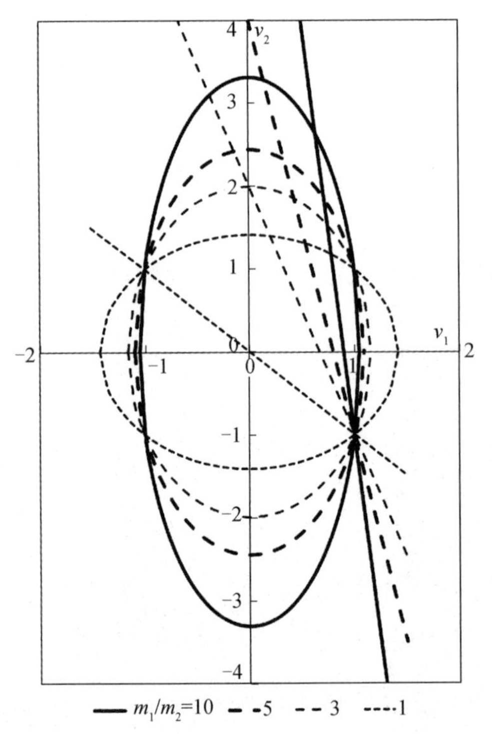

图 2-12　不同质量比值质点的等速对撞

三、球类比赛中的碰撞与引力弹弓

本节考虑两个运动质点的质量之比非常大时的碰撞。

1. 棒球、网球与乒乓球

我们平时经常会见到一个质量较小的物体和一个质量非常大的物体相互碰撞的情形，如网球、乒乓球与球拍之间的碰撞，棒球与球棒之间的碰撞等。这种碰撞使得质量较小的物体获得一个比较大的速度。

我们把这种情况看成是一个质点与另一个质量无限大的物体做完全弹性

碰撞的问题。假设小质点的速度为 v，大物体的速度为 U，两者沿同一直线对撞，如图 2-13 所示。

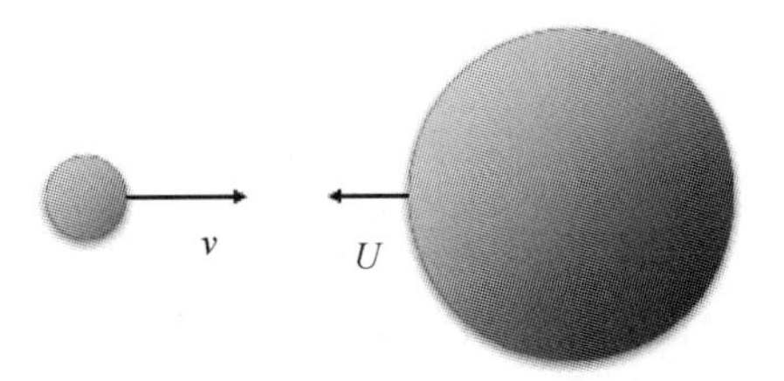

图 2-13　质量相比悬殊的两个质点的对撞

现在我们把大物体设想为一辆汽车，我们坐在上面随着它一同以速度 U 运动，这时，我们可以看到小物体以 $v+U$ 的速度撞过来。当二者相撞后，小物体以 $v+U$ 的速度飞离大物体，如同我们把一个皮球扔向地面，皮球以相同的速度反弹一样，如图 2-14 所示。这一切都是在以速度 U 运动的汽车上看到的。现在我们跳回到地面看那个小物体，情况就不同了，我们看到它碰撞前的速度是 v，但是碰撞后的速度变成了 $v+2U$，比碰撞前的速度增加了很多。由此可以理解，为什么优秀的网球或棒球运动员击球后，球飞出的速度可以达到每小时数百千米。对于这种情况，击球后球的速度是在球原来速度的基础上又增加了球拍或球棒速度的两倍。

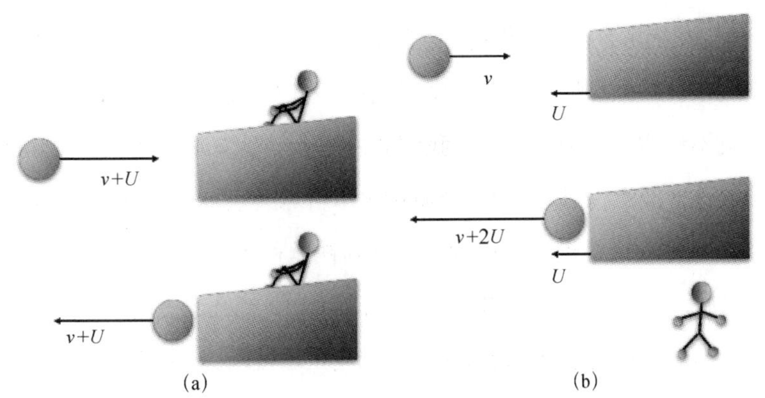

图 2-14　物体对撞时以大物体为参考坐标系（a）及以地面为参考坐标系（b）的情形

在里约奥运会期间，一位网友不认识刘国梁，说这个胖子好像不懂球。

其他网友对此不满说：这个胖子拿张公交卡都能轻轻松松打得你不知道坐哪路公交车才能回家。从物理角度分析这个调侃可以看到，从普通乒乓球拍到公交卡，至少是增加了两个层级的难度，一是面积小了，二是质量轻了，而质量变轻带来的难度是相当大的。可以设想，如果我们只增加一个层级的难度，仅仅缩小球拍的面积，比如用一块碎砖头当球拍，那么只要砖头能够与乒乓球相撞，扣杀回球的速度仍然可以很快，而用一个质量很轻的物体去击球就要困难得多。

结合上文的讨论，如果两者碰撞前的速度相等，都是 v，则碰撞后小物体的速度变成原来的 3 倍，即 $3v$。若大物体与小物体的质量之比越来越大，则小物体碰撞后的速度会越来越快，但不会无限快，其极限值为 $3v$。

2. 点球、停球与头球

除了前面讨论的情况外，类似的碰撞还存在一些特殊情况，比如足球比赛中罚点球或开角球时，球的初始速度 $v=0$。从前面的分析可知，球被踢出的速度为 $2U$。这个速度虽然没有迎面回踢的球速度快，但仍然达到球鞋击球速度的两倍（这里提醒读者，我们这个结论只在球与球鞋的碰撞为完全弹性碰撞的条件下成立，如果碰撞中存在机械能损耗，如当我们去踢一个填满树叶的布包时，就不会达到这个速度）。我们通过一个实验来演示这种现象。将一个塑料球放在地板上，然后挥动一个质量比塑料球大很多的铁锤去击打塑料球，如图 2-15 所示。通过慢动作视频可以看到铁锤和塑料球的运动情况，二者发生碰撞之后，小球开始从右向左飞行。可以看出，当锤子飞过一个地板宽度的距离时，小球正好飞过两个地板宽度，如同足球被以 $2U$ 的速度踢出一样。

足球比赛中，我们有时还可以看到有的球员展现出高超的停球技术。球员在接队友远距离传球时，用胸部去挡球。这时如果球员站立不动，则球打过来

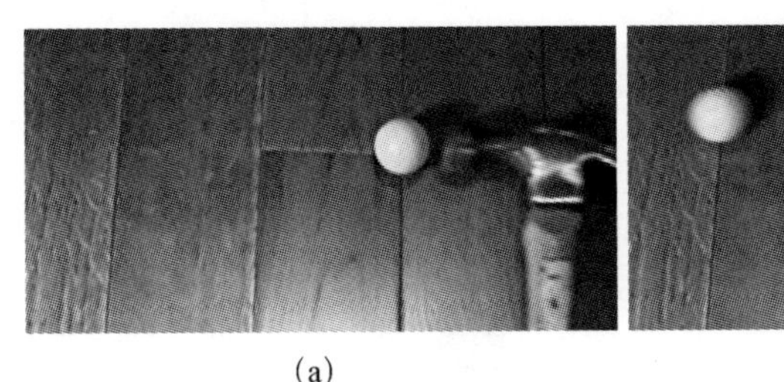
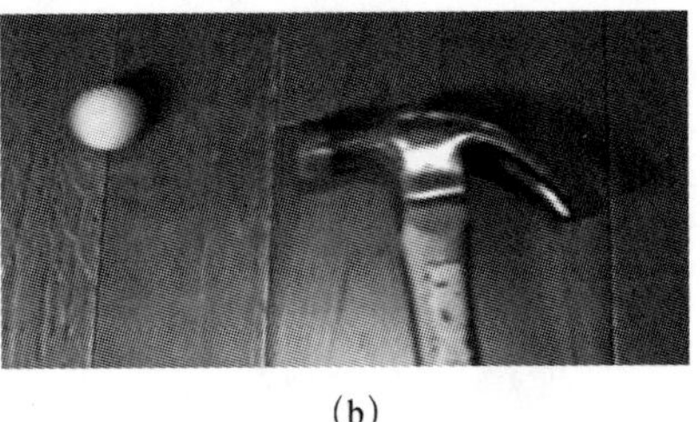

(a)　　(b)

图 2-15　大质量物体撞击小质量静止物体实验

后会以较大的速度反弹。球技好的球员接球时是向后退的，这时球员的运动速度 U 与球的运动方向是相同的，于是球在碰撞后的速度是 $v-2U$，比原来的运动速度有所降低，如图 2-16 所示。当球员接球瞬间的运动速度正好是足球运动速度的一半时，即 $U=v/2$，足球与球员碰撞后的速度变成 0，正好落到球员脚下。当然，足球与球员胸部的碰撞不一定是完全弹性碰撞，实际上有一定的能量损失，所以实际的停球速度不一定正好是 $U=v/2$。但无论如何，接队友传球时，一定不能一动不动，更不要迎面撞向飞来的球。

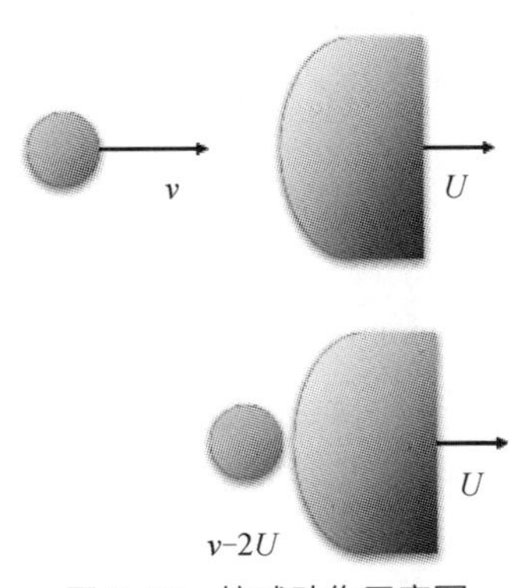

图 2-16　停球动作示意图

在足球运动中，头球的地位非常重要。头球在实际比赛中很少是把球原路顶回去，而是经常要让球与头碰撞后，沿着不同的方向飞出去。比如在球门前混战时，球员可能是在队友开出角球后，抢点头球攻门。在这种情况下，如果角球开出后是从东向西飞行，那么我们希望的是球与头碰撞后由南向北攻入对方球门，如图 2-17 所示。

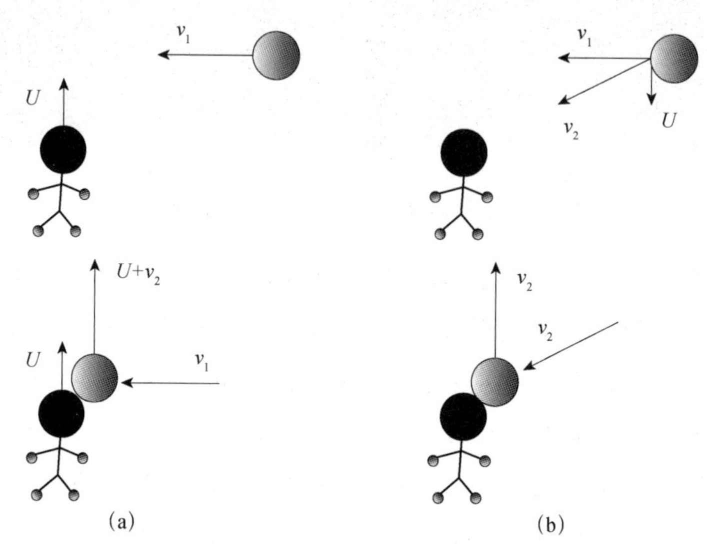

图 2-17　头球攻门时观众看到的情形（a）和球员观察到的情形（b）

如果我们假设球员的头（加身体）的质量为无穷大，同时头和球的碰撞是完全弹性碰撞，则从球员的头看到足球是以一个比较高的速度 v_2 斜向飞来的，碰到头后，以同样的速度向球门飞去。不难看出，这个斜向的速度 v_2 是 v_1 与 U 的矢量和，其大小为

$$v_2 = \sqrt{U^2 + v_1^2} \tag{2-13}$$

对于球场上的观众而言，实际攻门的球速是 $U+v_2$。这个速度显然比 v_1 或 $2U$ 都要大，这是由于 v_2 比 v_1 或 U 都大，由此可见足球比赛中头球攻门的威力之大。

3. 引力弹弓

实际上，碰撞并不一定是我们想象的那种剧烈的能量动量交换过程，很多比较缓和的运动过程也可以看成一个碰撞过程。通过这种分析方式，我们可以将许多问题简化。

在太阳系空间，有时会有小物体与大行星靠近，小物体会被大行星吸引，加速飞向大行星，如果小物体的初始速度、位置及运动方向合适，它可以不落到大行星上烧毁，而是高速甩离大行星。这个过程也可以看成是一个完全弹性碰撞。如果这个物体是一个航天器，我们可以利用它与大行星之间的“碰撞”获得更高的飞行速度，达到节省燃料的目的。这种飞行运动有时被称为引力助推或引力弹弓。

我们考虑一个比较极端的例子，如图 2-18 所示，一个飞行器以速度 v 几乎迎面飞向大行星。飞行器被大行星吸引与之擦肩而过，环绕大行星，最后被近似沿着原来的方向甩回去。这个过程和我们前面分析的用球拍击球的过程完全一样，飞行器的末速度为 $v+2U$。这就是说，当飞行器与大行星这样“碰撞”之后，速度增加了，其增量为大行星运动速度的 2 倍。

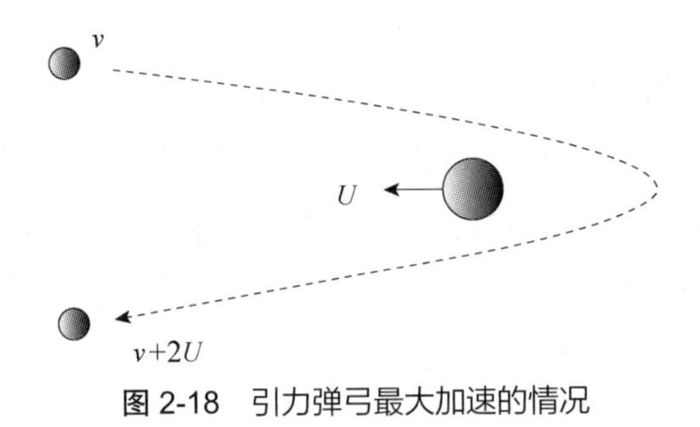

图 2-18　引力弹弓最大加速的情况

当然，人们真正利用的引力弹弓效应通常不是这种“迎头痛击”型的，而是类似“头球攻门”型的。也就是说，兼顾到飞行的初始与结束的运动方向，以及其他需求，而不以获得最大速度增量为目标。飞行器与大行星的位置关系可能如图 2-19 所示。对于轨道处于地球以外的外行星探测或飞出太阳系的飞行器，引力弹弓效应主要用于加速，有时还可能飞过多个行星，获得多次加速。而如果要探测内行星，比如金星或水星，或者是探测太阳，则需要利用引力弹弓效应来使飞行器减速，有点像足球球员的停球技术。同样，使飞行器减速有时也需要飞过多个行星。

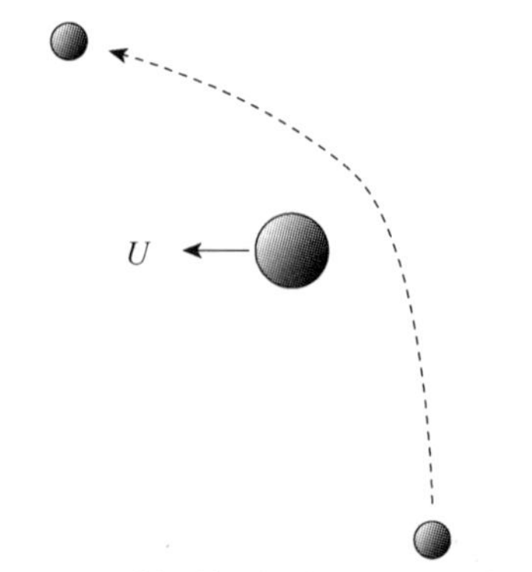

图 2-19　引力弹弓的实际应用示意图

电影《流浪地球》热映后，有的人（包括有些科研人员）认为不靠谱，他们计算出，要想让地球加速到足够移居比邻星的速度，需要的燃料太多。但实际上，地球流浪的主要能量来源是木星等特大行星的引力弹弓效应，而不是完全依赖推进器燃烧的燃料。在流浪的前几十年间，地球要在太阳系内沿着椭圆轨道飞行几十圈，多次接近木星等特大行星，利用引力弹弓效应获得加速。在这样的加速过程中，特大行星自己的速度略微降低，也就是说，特大行星的动能通过这个过程转移成为地球的动能。相比之下，地球上安装的推进器仅仅起到改变地球初始轨道等辅助的作用。

扫一扫，观看相关实验视频。

第三章　音乐中的物理知识

音乐是声音的艺术，声学则是声音的科学。对于音乐家来说，如果能够对声音的规律有比较透彻的了解，对于音乐的创作与演奏将很有帮助。

一、高脚杯乐器

任何物体，只要可以发出悦耳的声音，就可以组成乐器。高脚酒杯就是一种常见的选择，笔者拍摄到的一个街头艺术家的酒杯乐器如图 3-1 所示。

图 3-1　酒杯乐器

高脚酒杯乐器可以在朋友聚会等场合即兴调音演奏，也可以用在舞台演出中，无论独奏或编入乐队，都很有特色。人们喜欢选用高脚酒杯而较少使用其他器皿，是因为高脚杯比较容易调音，而且音色很好，对此后面会谈到。我们通过下面这个实验，介绍一些相关知识，深入地探讨其中蕴含的道理。

1. 挑选高脚酒杯

应该选用圆底细长脚、杯体稍凸、杯口稍收的葡萄酒杯，这种杯子俗称郁金香杯，因杯子的形状与郁金香花的形状相似而得名。注意：要选用杯体、杯脚横截面都是圆形的，尽量不要选用杯体或杯脚横截面为多边形的。

找齐杯子后，要先将它们分类。我们知道，振动的频率由恢复力和惯性力的相对比例决定。对于高脚杯，其惯性力可以通过放在杯子里水的质量来调整，其弹性恢复力的强弱则取决于杯脚的粗细。当水的质量一定时，杯脚越粗，振动的频率就越高。在高脚杯制造中，杯体的大小往往一致，但杯脚的粗细变化相对比较大。所以我们首先要按照杯脚的粗细将杯子分类，将杯脚比较粗的用在高音区，如图 3-2 所示。从图中可见，我们把杯脚比较粗的三个酒杯放在了右边高音区，如果把杯脚比较细的酒杯用在高音区，调音后杯里的水就会太少，甚至无法调到需要的音高。

图 3-2　高脚酒杯乐器

2. 定音软件

测定音高，可以使用计算机软件，近年来，各种类型的智能手机中也出现了不少应用程序（APP），用起来方便很多。

安全提示：实验所用的APP要从正规的网站下载，以免手机感染病毒。实验中，可以将手机的联网功能关闭，以免误触启动随APP推送的广告。

在手机的APP商店中输入关键词“调音器”或“instrument tuner”，可以搜索到很多给钢琴或小提琴等乐器调音用的APP，选取其中可以显示频率的下载安装到手机上。

3. 调音方法

高脚杯有两种演奏方法，通常是用筷子或塑料棒等敲击，用来演奏快节奏的乐曲。此外，还可以用手指蘸水在杯口旋转摩擦，这种方法发出的声音比较悠长，有些像号角。调音时应使用摩擦方法，这样声音比较长，有利于手机的APP测定频率，如图3-3所示。调音时，可以用塑料小瓶或注射器等工具加减杯中的水量，方便微调。当所有高脚杯的音都调好后，就可以排成一排演奏了，如果希望乐器演奏时稳定可靠，容易搬动，可以用线绳把杯子与底座绑在一起。

图3-3　调音方法

二、音乐声学的初步知识

音乐是由音符构成的，音符表示高低不同频率的声音。我们通常用钢琴或其他乐器的键盘来显示每个音符的位置，如图 3-4 所示。钢琴上的白键每个八度中有七个，对应于 C 调的“哆来咪发嗦啦西”七个音。此外有五个黑键，插在白键之间，每个黑键的音高也介于两个白键之间。现代音乐艺术，大多数都是采用每个八度十二个半音的音阶体系。我们在前面的酒杯乐器照片中看到，上层的酒杯是按两个一组与三个一组交替安排的，上层的酒杯对应的是钢琴的黑键。

每个音符都有各自的名称。七个白键分别称为 C、D、E、F、G、A、B，有时为了指明一个音符属于哪个八度，可以加上八度的号码，如 C3、A4 等。对于黑键，我们可以把它们看成是从一个白键音符升上去的，因而称之为升 C、升 D 等，用“#”符号表示升，如从图中看到的 C#3、D#3 等。当然我们也可以把黑键代表的音符看成是从上边一个白键降下来的，把它们写成 Db3、Eb3 等。为了简化，我们只用升的术语。

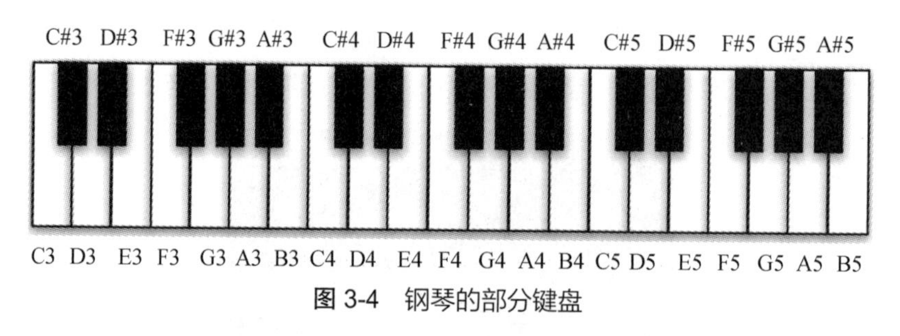

图 3-4 钢琴的部分键盘

1. 音高与频率

音乐上每个音符对应什么频率存在很多很复杂的方案，我们这里使用最简单的十二平均律来确定频率。在钢琴上，相邻两个键，无论是黑白键之间还是白键之间（即 B、C 或 E、F 之间），它们的音高都为半音关系。当我们按次序从低到高或从高到低按下每个键时，可以感觉音高是一个个均匀上升或下降的。不过它们的频率并不是等差数列，在十二平均律之中，它们是等比数列。

每个音符的频率为

$$f_n = 440 \times 2^{n/12} \tag{3-1}$$

其中，n 是从 A4（频率为 440 赫兹）计算的半音数，也就是从钢琴的 A4 键，向高音方向，每越过一个白键或黑键，n 的数目加 1。向低音方向，每越过一个键，n 的数目减 1。不难看出，每增加或减少 12 个半音，也就是跨越一个八度，频率就变成原来的 2 倍或原来的 1/2。

如前所述，这些音符组成一个等比数列，后一个音符总是前一个音符的固定倍数：

$$f_n = 1.059\,46 \times f_{n-1} \tag{3-2}$$

其中，$1.059\,46=2^{(1/12)}$。

我们在表 3-1 中列出从 C3（130.8128 赫兹）到 B5（987.7666 赫兹）三个八度各个音符的频率。如果需要更多音符的频率，读者可以通过公式（3-1）计算。

表 3-1　音符与频率对照表　　（单位：赫兹）

音符/n	3	4	5
C/−9	130.8128	261.6256	523.2511
C#/−8	138.5913	277.1826	554.3653
D/−7	146.8324	293.6648	587.3295
D#/−6	155.5635	311.127	622.254
E/−5	164.8138	329.6276	659.2551
F/−4	174.6141	349.2282	698.4565
F#/−3	184.9972	369.9944	739.9888
G/−2	195.9977	391.9954	783.9909
G#/−1	207.6523	415.3047	830.6094
A/0	220	440	880
A#/1	233.0819	466.1638	932.3275
B/2	246.9417	493.8833	987.7666

这里特别提醒读者，在几乎所有音阶体系中，八度音之间的频率比都是 2。当然在十二平均律之中也不例外。

为了直观地看到各个音符的频率关系，我们在手机上下载了一个叫

SpectrumView 的应用软件。我们在钢琴上将每个白键与黑键依次从低到高演奏，生成了如图 3-5 所示的谱图。图中，横坐标是时间，纵坐标是频率，声音的强度由不同的颜色表示。从图中可以看出，这些音符的频率以指数函数形式上升的。

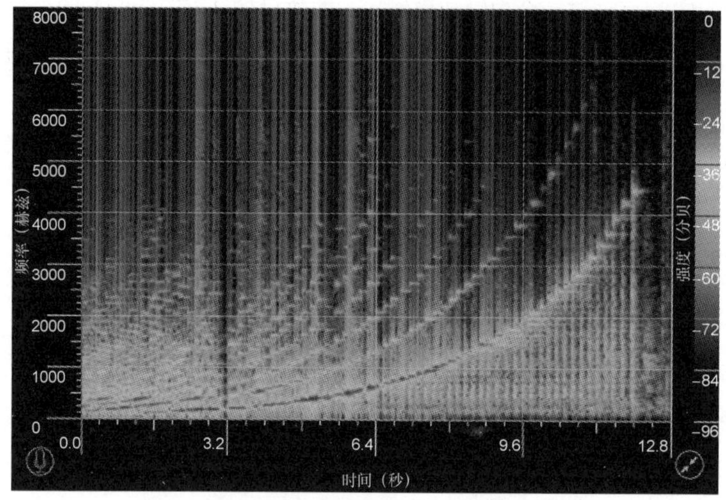

图 3-5　钢琴音阶演奏谱图[①]（书末附彩图）

另一个有趣的现象是，在谱图中，我们可以看到多条上升的曲线。这是由于当我们按下钢琴的一个琴键时，它所发出的声音不仅仅是一个单一频率的简单正弦波，而是由多种高倍频成分组成的。我们后面学习声音的频谱时，会比较详细地讨论这个问题。

2. 关于 A4 频率的一些不同标准

在大多数情况下，我们把 A4 这个音符的频率定为 440 赫兹，由此按比例确定所有其他音符的频率。这是经过历史上的逐步演化，大约在 1955 年形成的国际标准。不过在现代音乐演出团体中，有不少管弦乐团倾向于使用略微高一点的频率，他们认为这样演奏出来的音乐更加透亮一些。在表 3-2，我们根

① 为了便于读者理解，本书出版时将APP等软件界面中的部分外文译为了中文。

据查到的资料，列出一些使用不同 A4 频率标准的乐团，见表 3-2。

表 3-2　A4 频率的不同标准及使用乐团

A4/赫兹	使用乐团
440	世界大多数乐团
441	波士顿交响乐团
442	上海爱乐乐团，纽约爱乐乐团，丹麦、法国、匈牙利、意大利、挪威、瑞士等国家的一些乐团
443	德国、奥地利、俄罗斯、瑞典，西班牙等国家的一些乐团

据介绍，柏林爱乐乐团曾经使用过 A4 为 445 赫兹的音高频率标准，现在使用 443 赫兹。不同乐团使用不同的 A4 频率标准，这并不意味着这些乐团可以随意选择每个音符的频率。事实上，当 A4 频率选定之后，其他音符的频率是随之按比例变化的，这样所有音符之间的频率之比是维持不变的。

大家可能看过管弦乐团演出，演出开始之前，总要由乐队首席带领乐队校准各自的乐器。校正时，由双簧管吹奏一个音符，然后各个声部的乐队成员根据这个音符的音高校正自己的乐器。这个音就是 A4。

3. 乐音与噪声

我们讨论一下为什么高脚杯比其他器皿更容易得到好的音色，为此，首先要了解一下什么样的声音难听刺耳。好听和难听是人的主观感受，但人们在多年的音乐创作与音乐欣赏的实践中，对一个声音是否难听，多少总结出一些客观的指标。

如果用手机 APP 播放一个正弦波，这个声音不一定美妙，但通常不难听。而现实世界当中的声音都不是单一频率的正弦波。当多个频率的声音同时出现时，如果它们的频率互相之间存在简单的整数比例关系，我们通常会觉得这些音是和谐的。比如，弹钢琴时，左手经常要同时按下三个甚至四个键，奏出各种和弦，为右手弹的旋律伴奏。这些音频率的比值通常是接近简单整数比的。举个简单的例子，当同时按下键 C、E、G 时，E 与 C 的频率比接近 1.25，即 5/4，而 G 与 C 的频率比接近 1.5，即 3/2。如果几个声音的频率互相之间没有简单的整数比例关系，往往不好听。

由于高脚杯的形状是轴对称的，敲击以后，产生的振动模式比较单一，因此音色好听。如果是不对称的器皿，容易产生多个振动模式，这些模式的振动频率之间不一定存在简单的整数比例关系，因此声音会很刺耳。

三、弦乐器研究

弦乐器在音乐艺术中有着极其重要的地位。弦乐器可以用不同的方法演奏，比如用拉弦方法演奏的有提琴、胡琴、马头琴等，用拨弦方法演奏的有琵琶、筝、古琴等，用击弦方法演奏的有钢琴、扬琴等。事实上，提琴除了可以用拉弦方法外，还可以用拨弦的方法演奏。通过对弦乐器的观察研究，可以帮助我们更深入地理解音乐声学的很多原理。

1. 小提琴的基本构造

弦乐器中最具代表性的是小提琴，如图 3-6 所示。我们通过对小提琴的观察研究，了解弦乐器的工作原理。

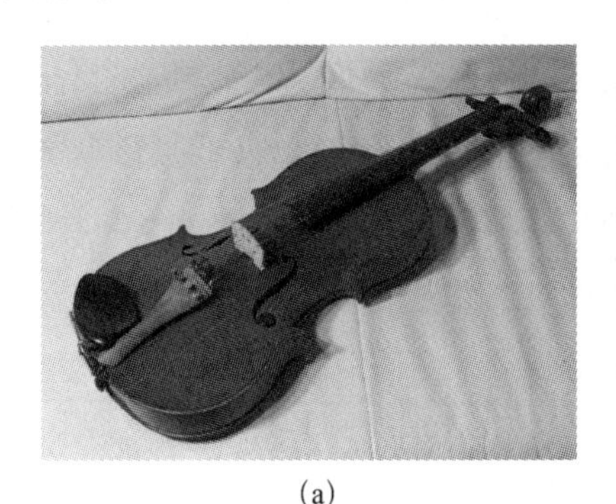

(a)

(b)

图 3-6　小提琴的外观（a）与小提琴的四根弦（b）

小提琴（包括相似的中提琴、大提琴、低音提琴）有四根弦，这四根弦的长度基本相同，对于小提琴，琴弦长度约为 32 厘米。这四根弦的满长度音高是不同的，从高到低分别是 E、A、D、G，或高音 MI，中音 LA、RE，低音 SO。这四根弦的粗细不同，高音的弦比较细，低音的弦比较粗。每根弦都有各自的调节旋钮，以便调节弦的张紧度，有的提琴还配有金属制成的微调机构，以方便对音高进行精细调整。

我们不难总结出影响一根弦音高的因素：①弦的粗细或单位长度弦的质量；②弦的张力；③弦的长度。

当一根弦的粗细、张力固定后，改变弦的长度就可以改变其振动频率。小提琴演奏家演奏时，左手将琴弦按住，这样就可以改变弦的长度，从而演奏出不同的音符。

不同的音符之间存在一定的频率比例。在众多的频率比例中，有一个比值极其重要，即 3/2，对应于小提琴上满弦长与 2/3 弦长，我们可以在小提琴 2/3 弦长处做一个标记，如图 3-7 所示。当我们按在 2/3 弦长处拨响琴弦时，可以听到它发出比满弦长时要高的音符。如果满弦的音高是“DO”，2/3 弦长是“SO”，这两者的频率比是 3∶2。

图 3-7　小提琴 2/3 弦长示意

在小提琴不同的弦上做这个实验可以发现，每根弦 2/3 弦长发音的音高正好是旁边高音弦满弦的音高，即 G 弦的 2/3 弦长发音的音高正好是 D，D 弦的 2/3 弦长发音的音高正好是 A，A 弦的 2/3 弦长发音的音高正好是 E。琴弦长度的另一个重要比例是 1/2，在这里按住琴弦演奏，发出的声音频率是满弦音符声音频率的两倍。也就是说，音高提高了八度，如第二弦的中音 LA 会变成高音 LA。

2. 钢琴的基本构造

钢琴也是用弦来发声的乐器，在钢琴中，弦的音高也是通过改变长度、粗细和张力来实现的。从图 3-8 中可以看到，钢琴中的弦有不同的长度，弦的粗细变化也很大，大部分琴弦是在钢丝上缠绕了细铜丝制成的，以此增加单位长度上的质量。

图 3-8　钢琴的琴弦

钢琴弦的粗细与长短给出了音高的范围，而一根琴弦的最终音高是通过调整琴弦的张力来达到的，调琴的过程如图 3-9 所示。在钢琴的高音区，每个音有三根弦，调琴时，通常是先用毡条将边上的两根弦塞住，将中间的弦调到需要的音高，然后将旁边两根弦的音高调到与中间弦一致。

图 3-9　钢琴调音

经过特殊训练，有经验的专业技师可以几乎完全靠耳朵听来判断一根弦是否调准。对于普通人，则可以利用智能手机上的调音 APP 来测量每根弦的振动频率，以此确定音准。钢琴的每根弦都是下端固定、上端缠绕在音板上的一根金属柱上。调音师用扳手旋转金属柱，以改变琴弦的张力，达到调整琴弦音高的目的。

四、钢管琴

钢管被敲击后可以发出悦耳的声音，多根钢管就可以组成一个乐器。实际上，制作钢管琴是很多课余科学活动中首选的项目。笔者制作的一个钢管琴如图 3-10 所示。钢管琴看上去很简单，但要想制成高质量、达到可以编入乐队或可以独奏等级的乐器，其中还有不少学问。我们通过这个实验，深入地探讨一下相关的问题。

图 3-10　钢管琴

1. 挑选钢管规划音域

制作钢管琴时，首先要挑选合适的钢管。我们制作的这个钢管琴用的是 3 根报废的落地灯的立柱，共设计了 9 个音；也可以用从家装市场购买的水管或电线保护管，注意管径不要太小，否则声音会过于低沉。最好是先找几根敲击一下试试，确认声音满意后再购买。

正式制作前，应该对管子的长度范围及对应的音域作出规划。对相同的钢管来说，一根长管的长度如果是一根短管的 2 倍，则短管的振动频率是长管的 4 倍（注意不是 2 倍），也就是高两个八度。通常这样一个音域已经够用了。

2. 定音软件和调音工具

制作钢管琴需要把钢管截成不同长度以获得需要的音高，切割钢管比较费力，因此，需要随时测定钢管的音高，以减少重复往返切割工作。测定音高用的手机 APP 和制作高脚杯乐器或钢琴调音所用的 APP 相同。

切割钢管可以用钳工钢锯，从家装市场也可以买到一种专用的切管工具，如图 3-11 所示，用起来比较省力，切口也整齐美观很多。如果钢管的频率略微偏低，也可用锉刀进行微调。

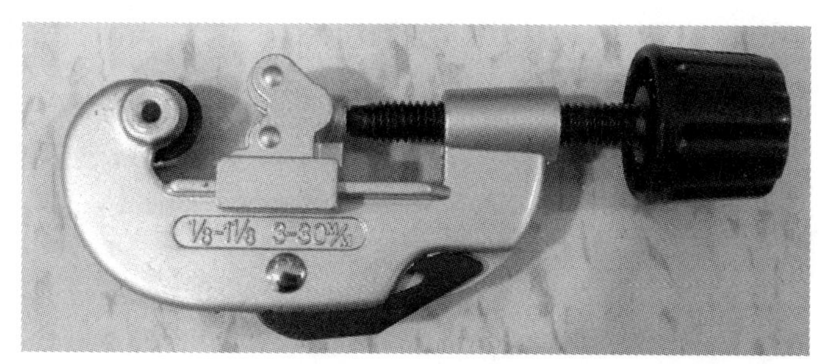

图 3-11　切管工具

☞ **安全提示：** 切割钢管时要注意用力稳定。钢管切断后要用锉刀锉去尖锐的毛刺，防止刺伤手指。

3. 计算钢管长度

设有一段钢管，长度为 l_1，并测得其振动频率为 f_1，需要计算为了达到需要的频率 f_2，钢管应切割到的长度 l_2。计算公式为

$$\frac{f_2}{f_1}=\left(\frac{l_1}{l_2}\right)^2 \tag{3-3}$$

注意公式右边的平方关系。网上查到的公式有的是线性关系，那是错误的。如果按错误的公式计算长度切割钢管，会发现切得太多了，从而不得不返工。

4. 钢管的不同振动模式

我们用的钢管不是完全对称的，因此钢管会按照两种模式振动，它们的频

率是不同的。如果让钢管以两种模式同时振动，演奏中就会出现拍音，影响音乐的美感。为此，要在一根钢管最后定音前，选定钢管的振动模式。具体做法是：一边绕着钢管轴线小角度转动，一边敲击直到拍音消失。找到钢管的一种振动模式后，立即标注钢管朝上的位置，同时测定这种振动模式的频率。继续转动钢管，找到另一种振动模式，并标注位置测定频率。选择频率比较高的模式为f_1，算出需要切割达到的长度l_2。我们选择较高频率的振动模式作为基准，主要是为了减少返工的可能性。一旦钢管切得偏短了，其频率就会偏高，这种情况下可以旋转钢管，换用原来频率比较低的振动模式，以期达到合适的频率。

5. 固定安装

所有钢管切割调音完成后，用软泡沫塑料在管长 0.22 倍位置（从管子两端测量）支撑。为了便于携带，可以用细线绳捆扎。注意：让选定的振动模式所对应的标记朝上。

钢管振动时的形变如图 3-12 所示。由此看出，我们的支撑点（0.22 倍管长处）是在钢管运动的节点，在那里支撑对钢管的振动影响最小。

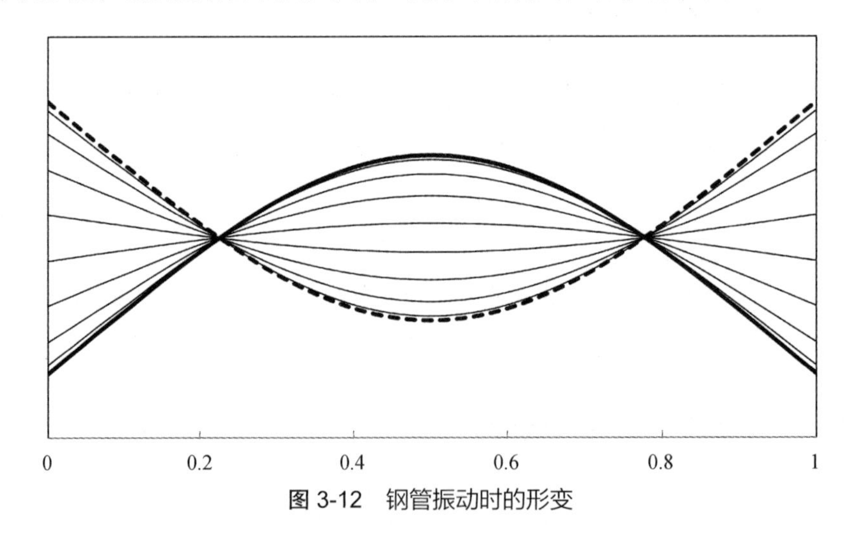

图 3-12　钢管振动时的形变

在很多乐器中，如小提琴、长笛等，频率和琴弦或笛管长度的倒数是线性关系。而在钢管琴中，频率和振动体长度的倒数是二次方关系，这是这类乐器（包括木琴、钢片琴等）的一个特点。如果注意观察就会发现，木琴等振动体的长度变化，不像排箫、竖琴等乐器的管或弦的长度变化那么大。

五、声音的音色

我们用小提琴和单簧管分别演奏同个音，尽管它们的频率相同，我们仍然可以通过它们的音色将它们分辨出来。同样，两个人唱相同频率的一个音，听上去也有音色的不同。

什么是音色呢？音色是由一个音的组合成分决定的。大多数乐器或歌唱家演奏或演唱一个音时，这个音不是单一的正弦波，而是由多个正弦波叠加而成的。比如，当一个乐器演奏 440 赫兹这个音时，除了 440 赫兹这一个正弦波，还有 880 赫兹、1320 赫兹、1760 赫兹、2200 赫兹等频率的正弦波叠加在里面。也就是说，这个音中除了存在基频，还存在 2 倍、3 倍、4 倍、5 倍频的分量，这些高倍频分量的相对强度不同产生了不同音色的声音。这种把任意波动分解为不同频率、相位与振幅的正弦波的方法，叫作傅里叶变换。

在这个实验中，我们将直观地观察多个正弦波叠加与音色之间的关系。

☞ **安全提示：**实验所用的 APP 要从正规的网站下载，以免手机感染病毒。实验中，可以将手机的联网功能关闭，以免误触启动随 APP 推送的广告。做实验时，手机音量不要调得太高，以免造成听力损伤。

1. 下载安装 APP

在智能手机 APP 商店中，输入关键词“信号发生器”或“signal generator”，就可以找到很多可以让手机发出正弦波的 APP。笔者用的是 Multi Wave。下载安装后，可以试一试能不能方便地设定正弦波的频率。

2. 观察声音的音色

我们用手机的 APP 生成多个正弦波，让它们的频率为某一频率的整数倍，比如 440 赫兹、880 赫兹、1320 赫兹、1760 赫兹、2200 赫兹等。如果一部手机可以生成的正弦波数量有限，可以用多部手机分别生成。我们从播放基频开始逐步添加高倍频分量，注意高倍频成分的强度不要太大。随着高倍频分量的加入，我们还可以调节各个分量的强度。这样我们可以听到混合出的声音的音色与单一正弦波的音色有很大不同，像是用不同的乐器演奏的。

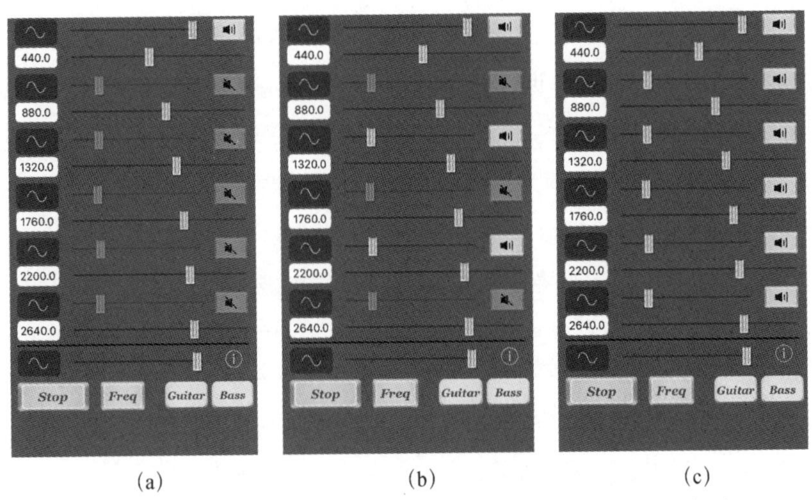

图 3-13　手机播放单一正弦波（a）、播放奇数倍频率成分（b）与播放所有频率成分（c）的情景

我们可以进一步尝试只添加奇数倍（即 3 倍、5 倍、7 倍等）的频率分量，听听这种情况下混合出的音色，再添加偶数倍的频率成分，并与其他频率分量的配置下的音色进行比较。

六、频谱

任何声音都可以看成是由很多个正弦波叠加而成的。通过对一个声音的波形函数做傅里叶变换，可以计算出这个声音是由哪些频率分量组合而成的。

现在的智能手机中有很多做频率分析的 APP，可以把手机话筒所采集到的声音的频谱计算并显示出来。

在现代数字计算领域，傅里叶变换通常是使用一种称为快速傅里叶变换的算法来实现。在手机的 APP 中通常也会用到这个算法。

1. 下载安装 APP

在智能手机 APP 商店中，输入关键词“频谱分析仪”“spectrum analyzer”，就可以找到很多可以做频率分析的 APP，可以从中挑选一个适用的。笔者选用了一个叫 SpectrumView 的 APP 来显示频谱。为了显示声音的波形，可以在 APP 商店输入“示波器”、“oscilloscope”或类似的关键词，笔者用一个叫 Audio Visualizer 的 APP 来显示波形。

☞ **安全提示：** 实验所用的 APP 要从正规的网站下载，以免手机感染病毒。实验中，可以将手机的联网功能关闭，以免误触启动随 APP 推送的广告。

2. 若干常见周期函数的频谱

后面几个图分别显示若干不同声源的波形和频谱。在波形图中，横坐标是时间，纵坐标是声压的强度。频谱的横坐标是频率，纵坐标是声强，它显示出一个声波函数是由哪些不同频率的正弦波组成的，各个频率分量的强度分别是多少。由于声强的动态范围可能非常大，所以很多频谱图的纵坐标是对数刻度，单位是分贝（dB）。声强（L）的定义如下：

$$L = 20\log_{10}\left(\frac{P}{P_{\text{ref}}}\right) \tag{3-4}$$

其中，P 是声扰动的平均压强（确切说是均方根压强）；而 P_{ref} 是参考压强，其数值为 20 微帕斯卡。声扰动的压强每增加 10 倍，声音的分贝数每增加 20，而声能增加 100 倍。

在数字语音系统（如手机）中，有时我们会把数字化器件的满度振幅作为参考振幅，这样就相当于把一个满度信号的强度设定为 0 分贝，而正常情况下采集到的信号都不是满度的，所以这些正常信号的分贝数都是负值，这种情况下的单位标注为 dBFS。后面显示的频谱都是这样定义的。

在这个实验中，我们首先观察手机所产生信号的频谱。手机产生的信号频率为 659.25 赫兹，音高相当于 E，选用这个频率是为了和真实的乐器比较。实验中，我们维持信号的频率不变，而选择不同的波形播放，包括正弦波、三角波、方波和锯齿波。

正弦波的频谱如图 3-14 所示，这个频谱基本上是在 659.25 赫兹上的一个尖峰。如果这个正弦波的形状是完美的，我们应该只能看到一个单一的尖峰，但由于从信号生成、扬声器播放到手机话筒接收的整个过程中，存在各种失真，周围环境也存在噪声，所以我们可以看到许多其他频率的微弱信号成分。把正弦波换成锯齿波，频谱上立刻出现了许多尖峰，这些尖峰的频率为基频（659.25 赫兹）的整倍数。可以看出，锯齿波含有非常丰富的倍频谱波成分。

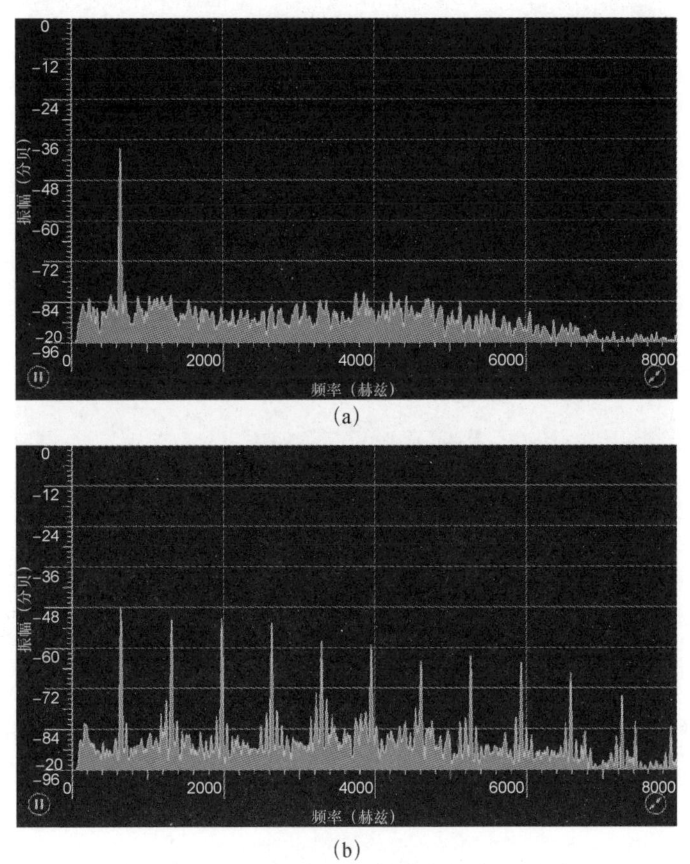

图 3-14　正弦波（a）与锯齿波（b）的频谱

任意的周期函数都可以看成是由基频的整倍频正弦（或余弦）函数叠加而成的，但并不一定每个周期函数都包含所有的频率成分。比如，对于三角波或方波，其频谱中就只含有基频的奇数倍（即 3 倍、5 倍、7 倍、9 倍等）频率成分，如图 3-15 所示。

对比三角波与方波，由于三角波与正弦波更相似，因而只需要少量的高频成分加到基频正弦波上，就可以得到三角波的波形。而要想把基频正弦波修整

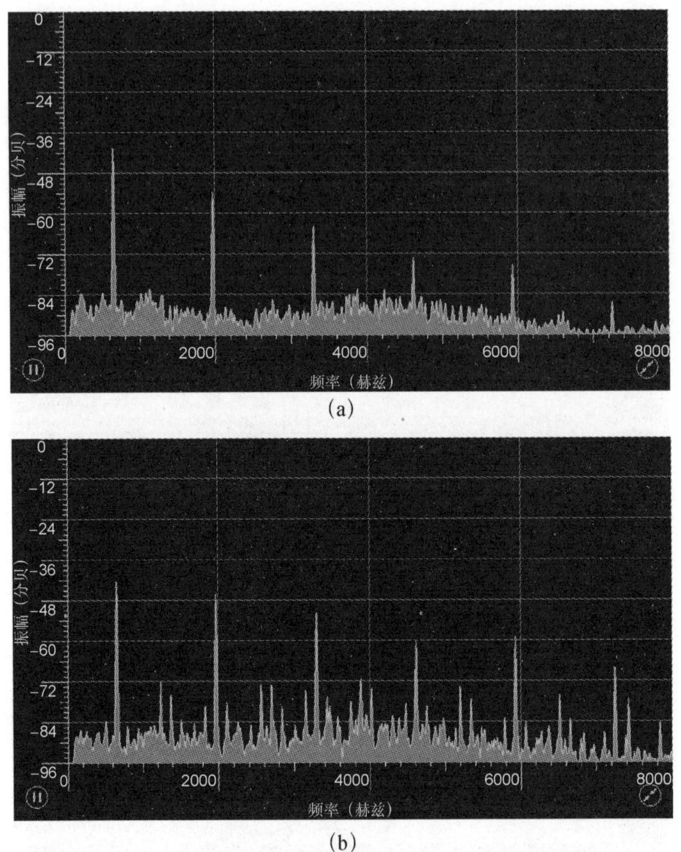

(a)

(b)

图 3-15　三角波（a）与方波（b）的频谱

成为方波，则需要多个比较大振幅的高频分量。从频谱上看，三角波中高频成分的幅度递减得很快，而方波的高频成分幅度递减得很慢。

3. 真实乐器的频谱

乐器在演奏一个音符时，发出的声音也可以看成是由许多频率成分叠加而成的。对于不同的乐器，发出声音的波形不同，其所含频率成分振幅的比例也是不同的。我们可以用智能手机显示并截取这些声音的波形和频谱。

葫芦丝是一种吹奏乐器，我们用它演奏一个音符 E，其声音波形与频谱如

图 3-16 所示。显然，这个波形不是正弦波，所以它必然包含各种频率成分。但另一方面，葫芦丝声音的波形又与正弦波相当接近，因此，其频谱中的高频成分幅度自然递减得比较快。由于葫芦丝声音中的高频成分强度相对比较低，因而听起来音色比较温润醇厚，没有刺耳的感觉。

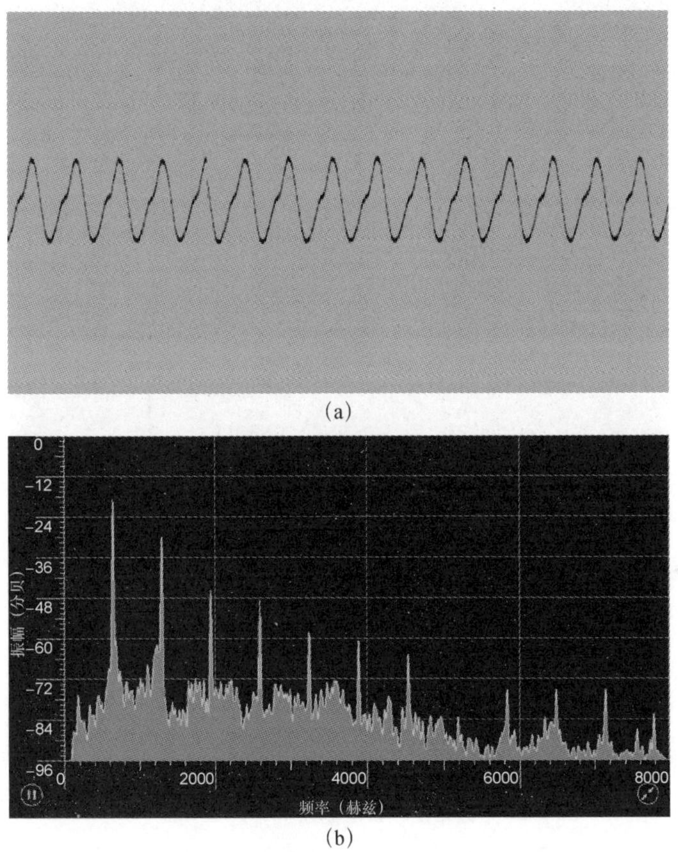

图 3-16　葫芦丝声音的波形（a）与声音的频谱（b）

小提琴是一种拉弦乐器，当琴弓与琴弦相摩擦时，激起琴弦的很多振动模式。小提琴声音的波形与频谱如图 3-17 所示，这个声音是小提琴 E 弦的空弦。这个音的周期与前面葫芦丝声音的周期是相同的，听起来都是音符 E，但声音的波形明显不同，这就决定了这两种乐器各自的音色不同。从频谱图中可以看出，小提琴的高频成分非常丰富，这使得它的音色听起来比较明亮且有穿透性。当然这也使小提琴成为一种不易学得精深的乐器，在弓弦控制不佳的情况下，这些高频成分会给人带来刺耳的感觉。

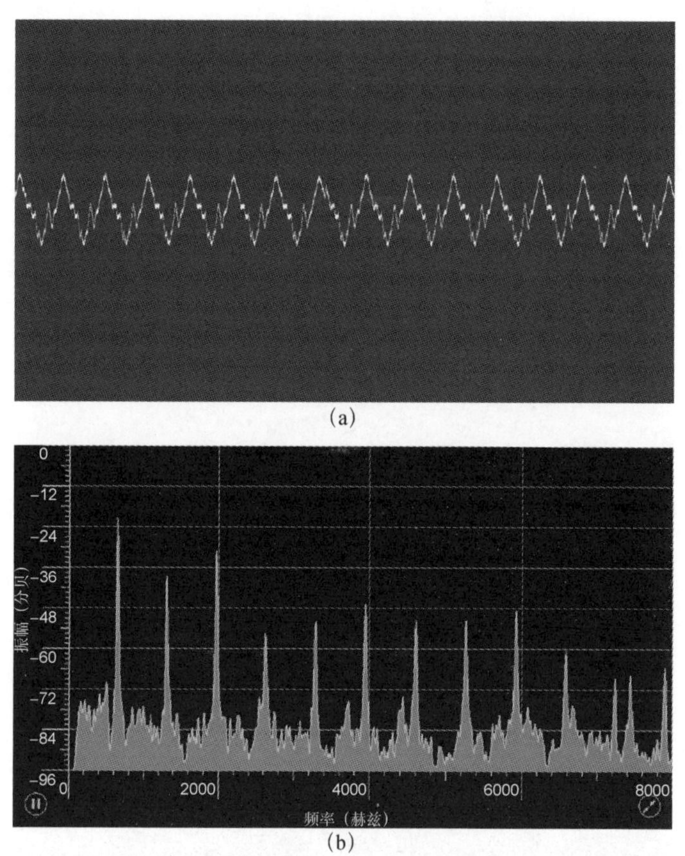

图 3-17　小提琴声音的波形（a）与频谱（b）

七、谱图

以上我们看到的都是在比较长的时间内稳定的周期振荡。自然的语言音乐等声音是不断变化的，因此需要有能显示出这种时间变化的方法。这种方法之一是谱图（spectrogram），它的横坐标是时间，纵坐标是频率，而在某个时间某个频率上声音分量的强度是用颜色来表示的。有的人也把这种图称为“声纹”，意思是可以通过这种图找出一个人的声音特征，就像通过指纹来确认特定的人一样。本章里的谱图是用名为 SpectrumView 的 APP 生成的。

1. 几种声音的谱图

一个扫频的正弦波信号如图 3-18 所示。这个信号是用另一部手机产生的，它的频率开始时是 2500 赫兹，然后逐渐升高，大约 5 秒后上升到 7000 赫兹。

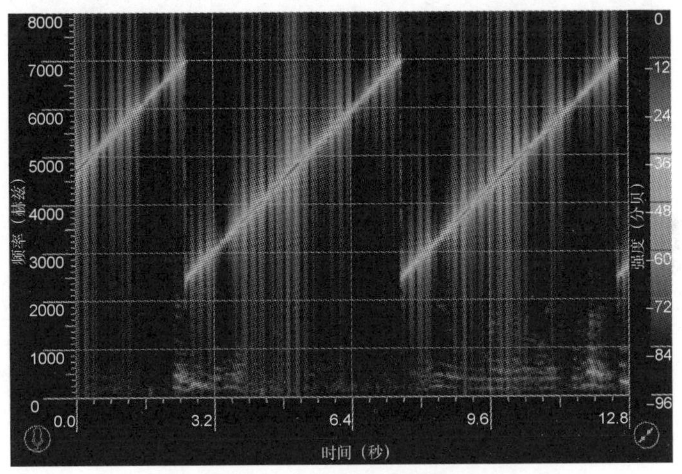

图 3-18　扫频的正弦波信号

日常使用的乐器在演奏时也会呈现很有趣的谱图，用钢琴演奏的《小小星星亮晶晶》的前两句谱图如图 3-19 所示。每当按下琴键时，声音出现一个剧烈的冲击，在这个时间段内，声音的频谱不是单一的或几个频率的尖峰，而是在整个频段相对均匀的分布函数。实际上，一个短时间的冲击函数可以看成由许多包含各种频率的正弦波叠加而成。在谱图上，这种短时冲击呈现为一条竖线。短暂的冲击之后，琴弦维持一段时间的自由振荡，这时我们可以看到除了这个音符对应的基频外，其 2 倍、3 倍、4 倍等倍频也呈现出来，它们在图中是横向的线段。你可以自己试着演奏不同乐曲或试用不同的乐器，观察所生成的谱图。注意：先从简单的少量音符开始录制分析，不要开始就用复杂的乐曲。

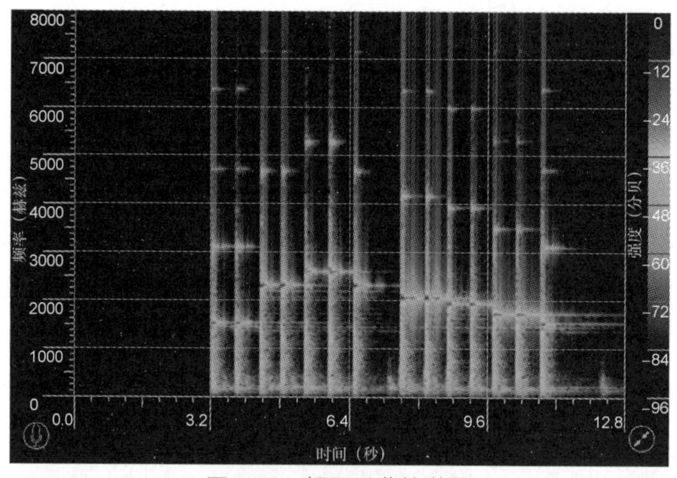

图 3-19　钢琴乐曲的谱图

2. 自然语音的谱图

人说话等自然语音的组成成分比乐器要复杂得多，我们可以打开 APP，然后对着手机说话，看看自然语音的谱图。比如，我们录下了四个中文汉字读音的谱图，如图 3-20 所示。可以看出，由于自然语音不是稳定的长时间周期振荡，所以在它的频谱中没有一个或几个明显的尖峰。不同的词语显示出不同的频率与时间变化，不同的人又会呈现不同的特征。不过，自然语音也多少有些规律可循。比如，我们在图中四个音的较低频率的地方，都可以看到明显的条纹形状。

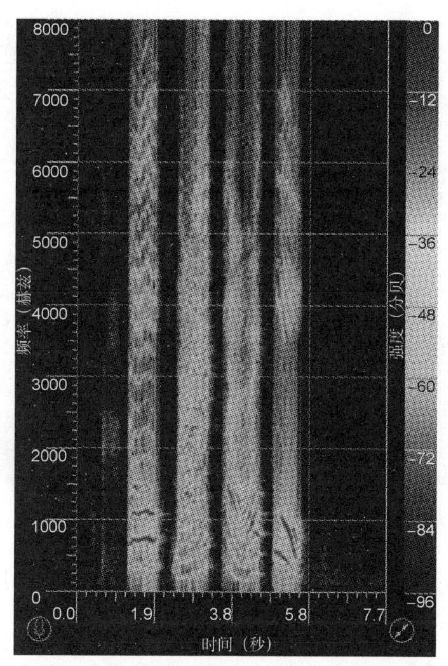

图 3-20 四个中文汉字（都来跑步）读音的谱图（书末附彩图）

汉语的音节是由声母和韵母组成的，其中韵母部分的声波接近周期函数，发音时间比较长，所以短时间内会在频谱上形成几个峰，从而在谱图上呈现基本横向的条纹。此外，汉语的韵母有四个声调，其中一声频率基本不变，二声频率由低到高，三声频率由高到低再到高，四声频率由高到低。图中的四个音是“都来跑步”，正好是汉语的一到四声，我们可以根据图中这些条纹的走向，判断出哪个字是第几声。你可以找几个不同的人试验发这几个音，看看大家声音的条纹形状有哪些不同。

在图 3-21 中，开始 10 秒左右是一段电话录音，后 2 秒左右是笔者的声音。从图中可以明显地看到，电话中的声音有一个频率的上限，这个上限在 3600 赫兹左右。现代电话系统都会在传输语音之前，用滤波器将语音中的高频成分过滤掉，以压缩信号的带宽，从而可以在有限的信号通道中同时传输更多路电话。

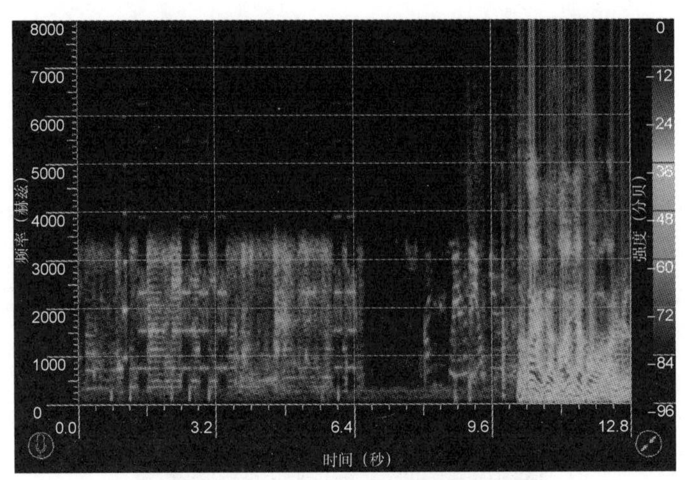

图 3-21　电话录音与自然语音的比较

在人的自然语音中，大部分的语音能量都集中在较低的频率成分中，所以这样的滤波虽然使声音显得发闷，但大多数情况下，电话中的声音尚可听懂。不过，自然语音中确实存在比 3600 赫兹高得多的频率成分。这种高频成分对识别爆破音、摩擦音等非常重要，如 B、D、T 等，经常会出现在电话里听不清楚的情形。随着科学技术的进步，近年来很多国家的电话系统已经开始采用各种高清晰度的语音信号标准，语音频率的上限已经提高到 7 千赫兹甚至 22 千赫兹。

八、钢琴学人语

既然自然声音是由多个频率的正弦波叠加构成的，那么我们也可以通过将多个不同频率的波动叠加来产生自然声音。在这个实验当中，我们设法让钢琴还原我们说话的声音。

安全提示： 这个实验基本上没有会造成人身伤害的安全隐患。不过，在打开钢琴盖板时，注意动作要稳，避免损坏钢琴。

1. 实验步骤

现代钢琴有 88 个键，涵盖了一个比较宽的音域，我们可以利用钢琴来生成不同音色的声音。对于一个基频，如 C4，我们可以找到它的高倍频所对应的键。在音乐中，一个音比另一个音高八度表示其频率是原来的 2 倍，所以 C4 的 2 倍频和 4 倍频很容易找到，分别是 C5 和 C6。C4 的 3 倍频可以用 G5 来近似，G5 的频率比 C4 的 3 倍频略低 0.13%。C4 的 5 倍频可以用 E6 近似，其频率略高 0.79%。这种倍频关系对其他的键也适用，只要这些键之间的间隔保持一致就可以了。比如我们选 A3 作为基频，则它的 2 倍频、3 倍频、4 倍频、5 倍频分别是 A4、E5、A5、C#6。

现在让钢琴把我们的声音分解，再重新组合出来。把钢琴的琴盖打开，对于立式钢琴，最好把下部的盖板取下来，如图 3-22 所示，把右踏板压到最低，这样所有的琴弦就可以自由振动了。我们对着钢琴的琴弦喊一个“啊”或其他韵母，持续 1 秒左右。等我们的声音停下来，就可以听到钢琴发出几乎相同的声音。这种现象可以通过下面的讨论进一步理解。设想我们喊出的一个韵母包含了基频和 2 倍、3 倍、4 倍频，它们之间存在一定的比例关系。这些频率成分如图 3-23 所示。这些频率成分叠加，可以构成一个重复频率等于基频但形状复杂的波形。

图 3-22　钢琴下部的琴弦和踏板

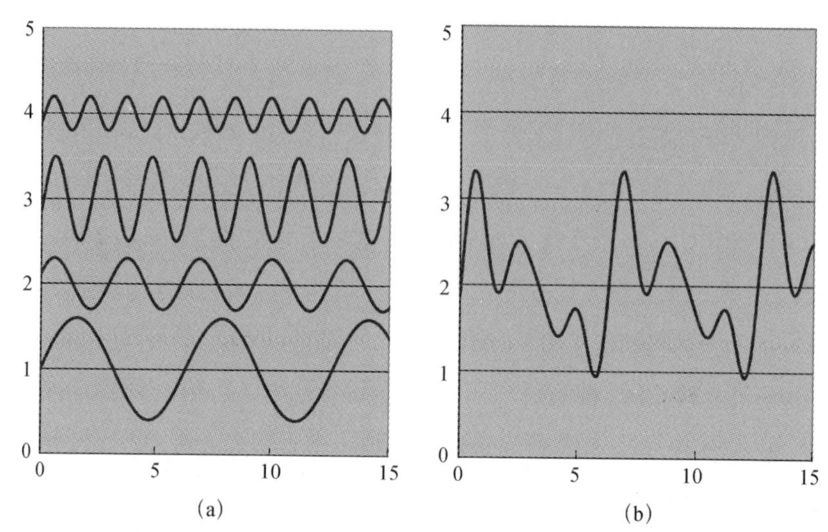

图 3-23　声音的基频和高倍频分量（a）及由多个频率分量叠加构成的声波（b）

当我们对着钢琴喊的时候，钢琴的琴弦按照我们声音中各个倍频分量的相对强度振荡起来，等到声音停止，琴弦仍然按照原来的相对强度振荡，就把我们的声音重建了出来。

2. 实验结果记录的另一方法

我们使用手机中一款名为 SpectrumView 的 APP 来记录实验中声音的谱图，如图 3-24 所示。在图中，开始 0.8 秒左右我们对钢琴喊出一个韵母，显然，这段时间内声音的强度比较大。这个韵母的基频大约是 250 赫兹，不过，这个声音的基频成分强度不是很大，而是以 2 倍频与 3 倍频为主，还存在很多高倍频的成分。喊声停止后，可以看出钢琴上对应于 1～5 倍频的琴弦被显著地激励起来，并持续振荡。实际上，在喊声停止后约 1 秒的时间内，钢琴发出的声音与原来的人声非常像，而过了一会，虽然钢琴还有声音，但已经与原来的声音不像了。这是由于开始时，钢琴能够按照原来声音的比例发出 4 倍与 5 倍频成分，随着时间推移，这些高频成分衰减很快，当只剩下低频成分时，声音的相似度就会变差。从图中我们可以看出 4 倍与 5 倍频成分衰减得相当快。

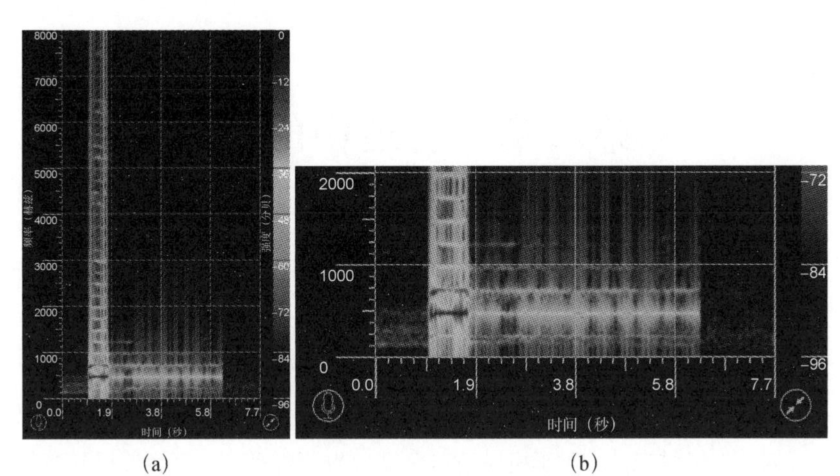

(a)　　　　　　　　　　(b)

图 3-24　实验中声音的谱图

你还可以试着用钢琴重建其他声音，比如可以用小号对着钢琴吹，观察钢琴是不是可以发出小号的声音。

扫一扫，观看相关实验视频。

第四章　管道中的波

我们隔着镜框的玻璃观看镜框里的作品时，经常会被玻璃表面的反光所干扰。我们对着一盆水看，水面也会反射出我们的面孔。在介质的分界面，波会发生反射，不仅对光波，对于机械波这个现象也同样存在。声音传播到管道的端口通常会被反射回去。我们直觉上不难理解声音会在封闭的端口反射，但事实上，声音在管道的开口也同样会被反射。更一般地讲，即使是两个直径不同的管道连接在一起，在连接点上声音也会发生部分反射。这是由于两段管道的声阻抗不同，波在两个阻抗不同的界面会发生反射。这和空气与水的界面会发生光的反射一样。

本章中，我们首先研究机械波在管道中的传播及在管道端口的反射，然后探讨一些相关的话题。

一、管道中的声波

声音会在管道中传播，医生用的听诊器及过去船舶上的通信系统就利用了管道传声的原理。一种非常有趣的现象是，管道的端口会把声波反射回去。

1. 声波在管道端口的反射

要想弄清楚声波为什么会在管道端口反射，我们必须首先了解一下声波为什么会在管道中传播。机械波从本质上讲是一种振动现象，而物体出现机械振动通常需要具备两个条件，即具有一定质量的物体，以及把物体拉回到平衡位置的弹性恢复力。在振动的过程中，物体运动的动能与弹性恢复力生成的势能不断地互相转换，从而形成往返变化的振动。机械波实际上由许多振动物体互相连接所致，由于这些物体连接在一起，振动可以在由这些物体组成的介质之中传播。

在一个管道中的空气可以看成是由许多小空气团互相接触构成（图 4-1），这些空气团本身是有一定质量的，而当空气团被压缩之后，也会对周围的其他空气团产生压力，从而使自己恢复原有体积。

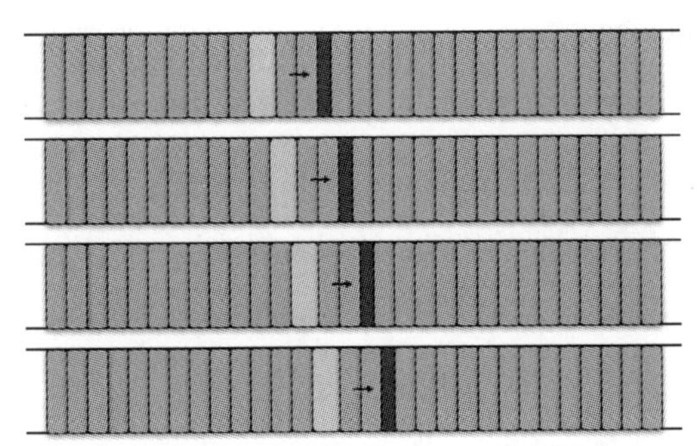

图 4-1　管道内的声波示意图：一个压强扰动在一定的条件下，随着时间推移，从左向右传播。图中从上到下表示不同时刻管道中空气团的状况

当管道中出现任何压强扰动时，这种扰动会向管道的两个方向传播。在传播途径上，每个空气团都可以被推动获得一定的动能，而空气团之间的相互挤压，又可能使空气团压缩或膨胀而带来压强变化。这些效应使得空气团的动能和势能之间可以互相转换。

对于一段截面形状均匀的管道，当扰动朝一个方向传播时，空气团的运动速度和压强变化存在一个匹配适当的比例及时间关系，使得这个扰动继续朝原有方向传播而不是反向传播。但是，如果二者之间的匹配关系被破坏，就会产生新的扰动，从而产生向相反方向传播的声波。当声波传递到管道的封闭端口时，靠近端口的空气团不能运动，速度为 0，使得这个空气团受到加倍的挤压，其瞬间压强变得比较高。这种情况造成空气团的运动速度和压强变化的匹配关系被破坏，从而产生反射声波。当声波传递到管道的开放端口时，靠近端口的空气团接触外界大气因而几乎不被压缩，其压强增量为 0，但这个空气团受到的阻碍较小，其运动速度变得比较高。这种情况造成空气团的运动速度和压强变化的匹配关系被破坏，从而也会产生反射声波。声波在封闭与开放端口都会发生反射，也就是说，无论是封闭端口还是开放端口，都可以将声波反射回去。但在这两种端口，声波面临的边界条件是不同的，它们对应的边界条件分别是运动速度为 0 和压强增量为 0。这两种不同的边界条件造成的反射波也是不同的。

当一个压强扰动在管道中从右到左传播到封闭端口时，这个扰动随即被反射回去。扰动的极性没有改变，如果入射波是一个压强增大的扰动，反射波也是一个压强增大的扰动，如图 4-2 所示。如果入射波遇到一个开放端口，反射波是一个波形相同但极性相反的扰动。如果入射波是一个压强增大的扰动，反射波就变成了一个压强减小的扰动。如果入射波是一个正弦波，则入射波和反射波会互相叠加而形成驻波。封闭端口处于驻波的一个波腹，而开放端口处于驻波的一个波节（对于压强增量而言）。

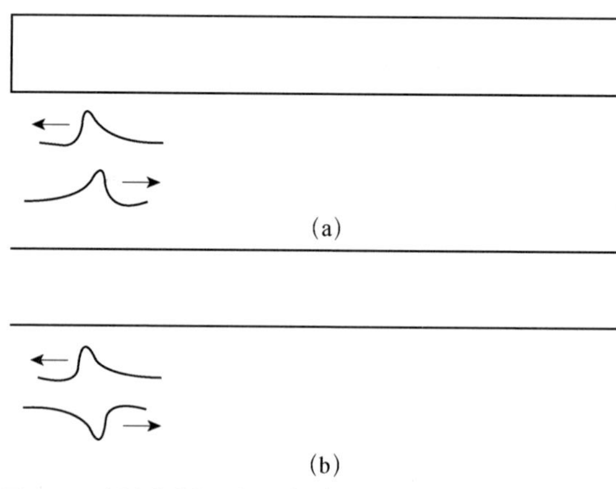

图 4-2　声波在封闭端口（a）和开放端口（b）的反射

对于有限长度的管道，存在两个端口，声波在管道内两个端口之间往返传播反射，这些声波在管道内互相叠加，有可能互相加强，也有可能互相削弱。当声波的波长与管道的长度存在某些比例关系时，从端口反射回来的声波正好处于互相加强的相位关系，于是管道中的声强达到一个极大，我们把这种情况下声波的频率称为管道的谐振频率。

在两端开放的管道中，处于谐振频率下声压强的分布情况如图 4-3（a）所示。注意声压强在管道中是随着时间振荡变化的。在管道的开放端口及管道中的几个不同位置存在驻波的波节，其声压强始终是 0。另一个需要提醒读者注意的是，对于一个管道，存在多个谐振频率，我们这里画出了频率最低的前三个。对于这前三个谐振频率，管长分别等于声波波长的 0.5 倍、1 倍、1.5 倍，即半波长的整数倍，或者 1/4 波长的偶数倍。

在左端封闭、右端开放的管道中，处于谐振频率下声压强的分布情况有所不同，如图 4-3（b）所示。这里注意：在管道的封闭端，声压强处于驻波的波腹，而开放端则处于波节。图中我们画出了前三个谐振频率，对于这前三个谐振频率，管长分别等于声波波长的 0.25 倍、0.75 倍、1.25 倍，即 1/4 波长的奇数倍。

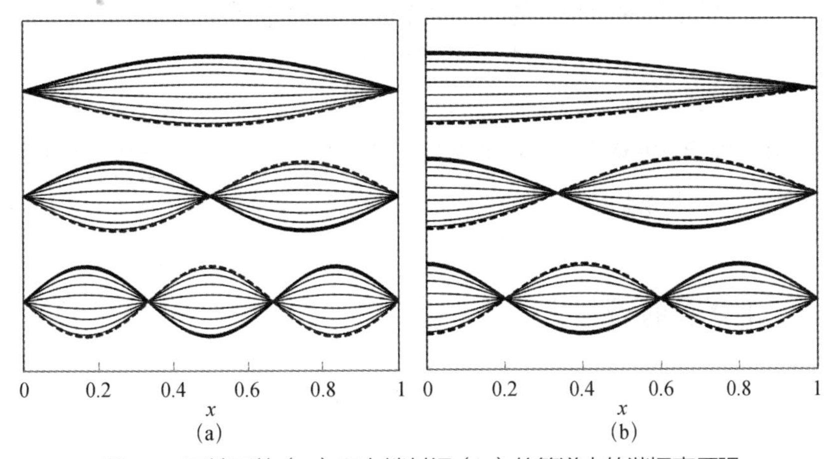

图 4-3　两端开放（a）和左端封闭（b）的管道中的谐振声压强

2. 声波谐振实验的实验装置

我们通过一个实验来观察声波在管道中的谐振。在这个实验中，需要一根长度可以调节的管子。笔者用的是一根邮寄快递时保护纸卷画的硬纸筒，再加一截用废旧厚纸海报卷成的纸筒，如图 4-4 所示。如果找不到硬纸筒，也可以两个纸筒都用厚纸卷成，且能够互相滑动抽拉。在手机上下载安装一个正弦波发生器的 APP。

图 4-4　声波谐振实验

安全提示： 实验所用的 APP 要从正规的网站下载，以免手机感染病毒。实验中，可以将手机的联网功能关闭，以免误触启动随 APP 推送的广告。

3. 开口管的谐振

将纸筒抽拉到 1 米左右，我们首先观察它的谐振。在两端开口的管道中，声波的谐振频率可以由下式算出：

$$f_n = n\frac{v}{2L} \tag{4-1}$$

其中，v 是声速，L 是管道长度，n 是正整数。

我们先将管道中的声速估计为 330 米/秒，这样，1 米长管道的第一个谐振频率是 165 赫兹。启动手机，发出 165 赫兹的正弦波，放在纸筒里。仔细改变纸筒的长度，可以听到手机声音强度的变化，找到声音的极大点，测量并记录管子的总长度。由于环境的温度和湿度不同，我们前面对声速的估计不一定准确，因此声音达到极大时管子的长度不一定正好是 1 米，笔者实验时测得的是 97 厘米，读者在不同环境下完全可能测得不同的数值（从笔者测得的数据可以算出，在当时实验环境下的声速接近 340 米/秒）。

我们将手机发出正弦波的频率设定为 165 赫兹的 2 倍、3 倍、4 倍，即 330 赫兹、495 赫兹、660 赫兹，这些频率对应于管子的第 2 倍、第 3 倍、第 4 倍谐振频率。将发出这些频率正弦波的手机放入纸筒中，我们能够听出声音仍然处于极大点，这可以通过往返微调纸筒的长度来验证。我们让手机发出 680 赫兹的正弦波，将手机放在纸筒里，然后改变管子的长度，可以找到多个声音的极大点。对每个极大点，测量并记录管子的长度。笔者测得在几个极大点管子的长度为 75 厘米、97 厘米、124 厘米。可以看出，管子长度每改变 25 厘米左右，就会有一个极大点。这个距离是声音波长的一半左右。

这个实验告诉我们，管子内的声波在管子开放的端口并不全部传播到外界，而是有相当一部分被反射回管内，这种反射使得管道内的声波出现谐振。这虽然与我们的直觉相悖，却是事实。

4. 闭口管的谐振

通常我们说的闭口管道是指一个管道的一个口封闭而另一个口开放，并不是指管道的两个端口都是封闭的。当然两端都封闭的管道也有谐振现象，不过在很多实际应用中，如铜管乐器，比较多见的是一个口封闭。管道的一个口封闭而另一个口开放时声波的谐振频率可以由下式算出：

$$f_m = (2m+1)\frac{v}{4L} \tag{4-2}$$

其中，v 是声速，L 是管道长度，m 是正整数。

我们让手机发出 680 赫兹的正弦波，将手机放在一端封闭的纸筒里，然后改变管子长度，可以找到多个声音的极大点。对每个极大点，测量并记录管子的长度。笔者测得在几个极大点管子的长度为 87 厘米、112 厘米。可以看出，管子长度每改变 25 厘米左右，就会有一个极大点。这个距离大约是声音波长的一半。我们将对开口管与闭口管测得的管长数据画到图 4-5 中。其中 n 或 m 是根据（4-1）式与（4-2）式估算出来的。可以看出，开口管和闭口管对于某一频率的谐振长度是不同的。此外，开口管的第一谐振频率（或谐振长度）对应于 n=1，闭口管的第一谐振频率（或谐振长度）对应于 m=0。这时管长大约是声波波长的 1/4 倍。

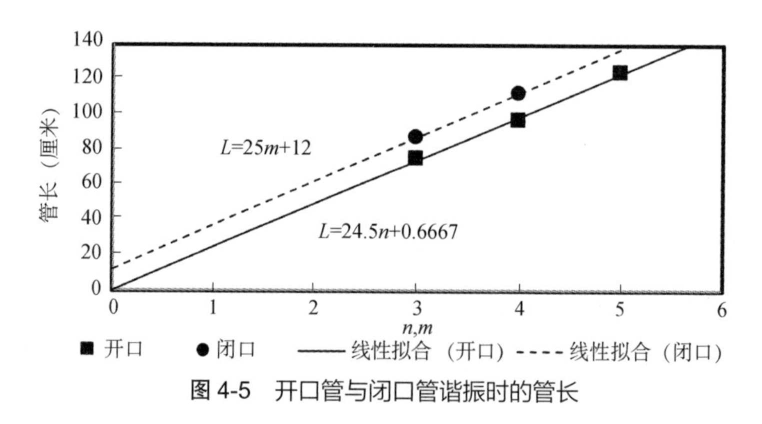

图 4-5　开口管与闭口管谐振时的管长

5. 管道谐振现象的其他观察方法

通常一个固定长度的管道会对不止一个频率谐振，这个特性对于管乐器十分重要。在演奏管乐器，尤其是铜管乐器的时候，演奏者经常需要在管长不变的情况下，吹奏出不同音高的音符。我们利用一个硬纸筒，将一个扬声器扣在纸筒一端，用信号发生器让扬声器发出频率由低到高或由高到低的声音，以此观察管道在不同频率的谐振。我们在做这个实验时，信号发生器从1000 赫兹逐渐扫频降低到 100 赫兹，然后再恢复。可以听出来，在扫频的过程中，声音的强度在若干个频率达到极大。这几个频率是管道的谐振频率。

另一种观察管道谐振的方法是利用短促脉冲生成宽频声音信号，让信号发生器产生低频的方波，我们所做实验中方波的频率约为 13 赫兹，这样一个信号也可以用普通手机生成。当输出信号每次在方波的上升沿或下降沿翻转时，扬声器纸盆受到一个冲击，连续的冲击听上去像螺旋桨飞机飞过的声音。这个实验所用的器材如图 4-6 所示。扬声器发出的冲击信号是一种噪声，而噪声的特点是包含频率连续的各种分量。在没有管道的情况下，冲击信号源的频谱相对比较均匀地覆盖在一定的频率范围，没有成系列的尖峰结构。我们将扬声器扣在硬纸管道的一端，然后将这样一个包含连续频率分量的信号送入管道后，大部分与管道内的反射波互相抵消，只有在某些特定频率上信号才会通过谐振而加强，在频谱上形成一系列尖峰，如图 4-7 所示。这些尖峰均匀地排列在频谱中，两个相邻的尖峰距离相等。当我们抽动外面的纸套，使得管道的长度发生变化时，这些谐振峰的位置也随之变化，管道变长，则谐振峰向低频方向移动；管道变短，则谐振峰向高频方向移动。在实际实验的时候，我们可以清楚地听出谐振频率的变化。谐振峰位置的移动也可以很方便地用谱图记录下来。在谱图上，横坐标是时间，纵坐标是频率，频率分量的强度用颜色显示。这时，谐振频率尖峰显示为横向的条纹。当管道比较短的时候，各个谐振峰的频率比较高，因此这些条纹之间的间隔也比较大；反之，当管道拉长时，条纹的间距随之变小。

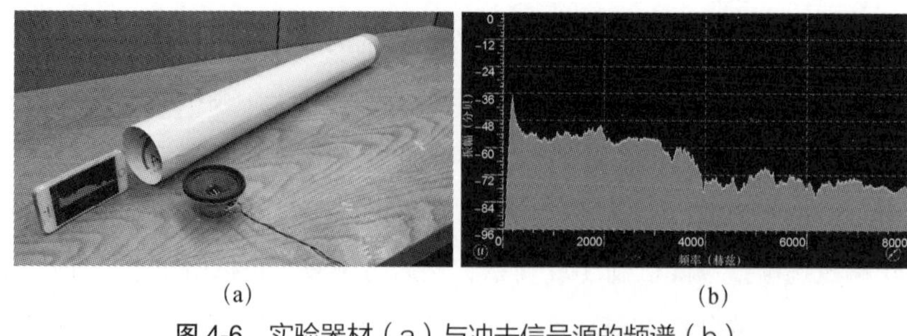

(a)　　(b)

图 4-6　实验器材（a）与冲击信号源的频谱（b）

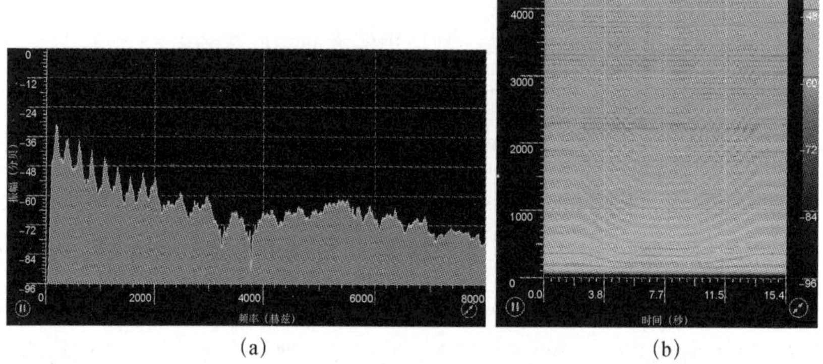

(a)　　(b)

图 4-7　管道谐振时的频谱（a）与管道长度变化时谐振峰的移动（b）

二、汽车消音器

内燃机靠汽油或柴油与空气在汽缸内混合压缩，剧烈燃烧而产生动力，这种剧烈燃烧如同爆炸，产生很强的噪声。你如果见过没有消音器或消音不良的内燃机，如摩托车的汽油机或拖拉机的柴油机，就能体验到这种噪声。不过在城市中小轿车行驶时，却听不到非常强的发动机噪声，这主要归功于汽车上安装的消音器。

1. 对汽车消音器的初步观察

汽车发动机的燃烧废气通过排气系统排放，消音器通常是排气系统最末端的部件（在此上游还有催化转换器等）。我们从很多型号汽车的后部可以看到连接着排气口的一个金属筒，这个金属筒就是消音器，如图 4-8 所示。仅从外观，我们自然无法知道消音器的内部构造。不过，我们平常总能观察到，在汽车发动时，排气口会“突突”地向外排出尾气，因此消音器内部气路上不应该存在太多的障碍，应该是相对比较通畅。另外，我们至少可以看出，消音器的进气口和出气口不是同轴的。

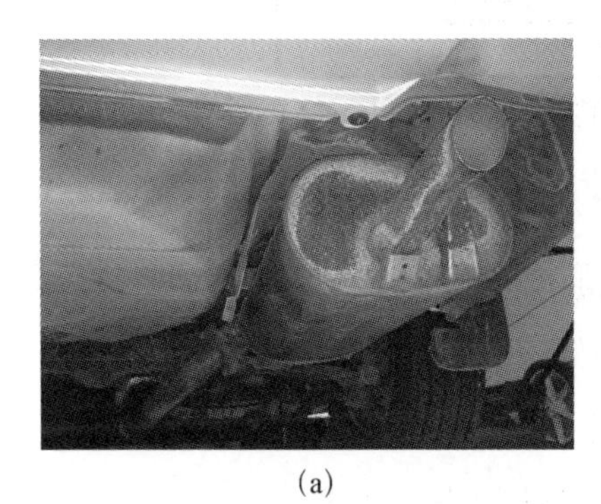

(a)

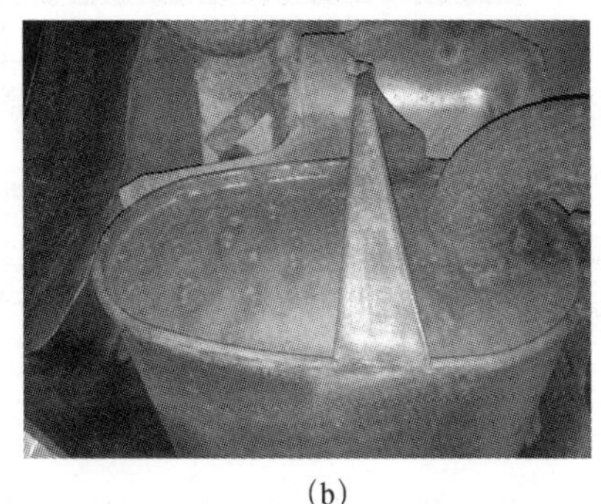

(b)

图 4-8　汽车消音器（a）与消音器的入口（b）

由于小轿车底盘非常低，平常想观察小轿车底部部件及其状况不是很容易，笔者是把手机夹在自拍杆上，伸到汽车下面拍摄的。

☞ **安全提示**：做这个实验时，一定要有成年人在旁辅助，要绝对确保被拍摄汽车不移动，同时要避免附近汽车移动可能造成的人身伤害事故。

2. 消音器的结构

消音器是由金属管和空腔曲折往返连接构成的，其内部构造示意图如图 4-9。汽车发动机废气进入消音器后从金属管进入比较大体积的空腔中，又从空腔进入另一个管道，再进入另一个空腔，最终废气进入排气管道，排放到车外。

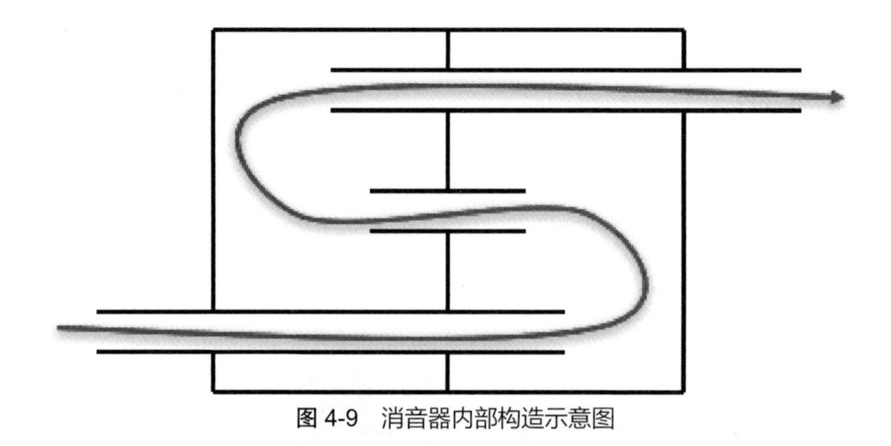

图 4-9　消音器内部构造示意图

发动机产生的噪声在每次从管道进入空腔或从空腔进入管道时，大部分都会被反射回去，只有少部分透入下游空腔或管道。这样经过若干级阻挡，我们在车外可以听到的噪声强度就会大大降低。

很多消音器中还采取在进气或出气管上打孔、在消音器中设计谐振腔等措施，以进一步提高性能。有兴趣的读者可以查阅相关资料。

三、管乐器的原理和圆号手的手

管乐是现代音乐艺术的重要组成部分。我们去看管弦乐团的演出时，可以看到两大类管乐器，即木管乐器和铜管乐器。铜管乐器中有一种乐器叫作圆号（有人也称圆号为法国号，但比较标准的称呼应该是圆号）。很多细心的观众都会有一个疑问：为什么圆号演奏家要把手放在喇叭口中？如图 4-10 所示。这是一个非常经典的问题。要想搞清楚这个问题，我们要首先了解管乐器的工作原理。

图 4-10　圆号演奏家的右手位置

1. 管乐器的工作原理

管乐器是靠管道中的空气柱振动发出声音的，这个声音的频率由管道的谐振频率决定。从前面的实验和分析可知，决定管道谐振频率的一个因素是长度。很多管乐器主要是靠改变管道长度来吹奏不同音符的，如笛子、单簧管等。

决定管道谐振频率的另一个因素是它的振动模式，也就是这个管道处于第几谐振频率。管道最低的谐振频率通常称为基音，而它的整数倍频率通常称为泛音。铜管乐器主要靠改变泛音来吹奏不同的音符，比如军号的铜管长度是固定的，但我们知道军号可以吹出 DO、MI、SO 等多个音符（通常军号可以演奏 5 个音符，即中音 DO、SO，高音 DO、MI、SO，对应于基频的 2 倍、3 倍、4 倍、5 倍、6 倍）。

事实上，很多管乐器都是同时使用改变管长和吹奏泛音两种方法来获得完整的音阶和比较宽的音域的。我们前面谈到的笛子是用手指按住或放开音孔来改变管道长度的，但人的手指数量有限，灵活好用的手指更少，因而大多数笛子只有 6 个音孔，加上筒音（即所有手指全按住音孔）可以演奏 7 个音，但笛子演奏家可以通过控制气流的强度（术语叫缓吹、急吹、超吹等）来获得基频的高倍频。当笛子吹奏出基频的 2 倍频时，所有原来音孔对应的音变成对应的高八度音。有时演奏家还会吹出基频的 3 倍频，如当笛子的筒音为 SO 时，它的 3 倍频泛音是高音 RE。

2. 铜管乐器的工作原理

铜管乐器是指以演奏者嘴唇作为气流调节簧片的乐器，铜管乐器大多是用黄铜制成的，但也有用木头、兽角、海螺壳等材料制成的。反过来，有不少用黄铜制成的管乐器，如长笛等，实际是属于木管乐器组的。铜管乐器与木管乐器固然与制作材料有关，但主要是以发声的方法划分的。

前面谈到过，铜管乐器主要通过改变泛音来吹奏不同的音符，泛音是基频的整倍数，很多泛音与近代广泛使用的十二平均律中的音符接近。泛音与十二平均律音符的频率关系如图 4-11 所示，横坐标为泛音的序号或泛音频率与基频频率之比，纵坐标为频率。我们假设基频的频率为 116 赫兹，通过十二平均律确定的音符由短线表示，而泛音则由圆圈表示。两个坐标用的都是对数尺度，因而十二平均律各个音符之间在频率方向上的间隔看上去是相等的，事实上它们之间的频率之比是相同的，或者说它们的频率成等比数列关系。不难看出，许多泛音的确与十二平均律的音符重合，但反过来，很多音符没有对应的泛音。比如基频与二倍频之间差一个八度，中间跳过 11 个音符，事实上，多数铜管乐器并不使用基频，最低的音是 2 倍频泛音，这样两个泛音之间跳过的音符要少一些，但仍然不可避免地跳过很多。有些泛音与十二平均律音符相差很多，演奏出来与其他的音符比较，听上去很不和谐，通常也不会使用，比如 7 倍频、11 倍频、13 倍频、14 倍频等。

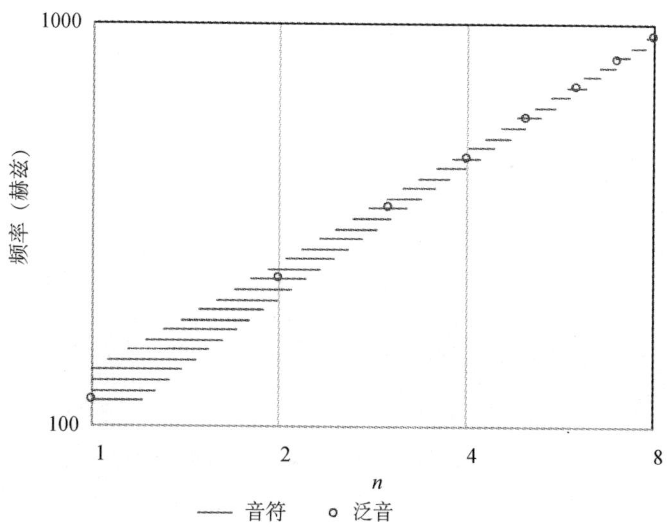

图 4-11　管乐器泛音与十二平均律音符的频率关系

通过前面的实验与分析可知，两端开放的管道与一端封闭的管道的谐振频率是不同的，两端开放的管道的谐振频率是基频的整数倍，即 2、3、4、5、6 等倍数；而一端封闭管道的谐振频率是基频的奇数倍，即 3、5、7、9 倍等。木管乐器中单簧管的一端（吹奏口）是封闭的，因此它的第一泛音是基频的 3 倍，当在一定管长基频为 DO 时，超吹出的第一泛音是高音的 SO。

铜管乐器也是一端封闭的，如果铜管乐器的管子是像单簧管那样前后直径一样，它就只有奇数倍泛音。我们前面谈到过铜管乐器不使用基频，而且 7、11、13 等倍频是不和谐的，这样它可以演奏的音符就太少了，而且音符之间的间距也太大了。为了解决这个问题，大多数铜管乐器管道的直径不是固定的，而是逐渐变粗的。尽管小号、军号或长号存在很长的一段等直径的管道，但在接近出口处总是要有一段逐渐变粗的管道，如图 4-12 所示。而铜管乐器的出口几乎都是迅速变粗的喇叭口。这种直径变化的管道使得铜管乐器的泛音间距变小，从而接近基频的整数倍。进一步的研究表明，如果一个一端封闭管道的形状是一个完美的锥形，则它的谐振频率正好是基频的整倍数，有兴趣的读者可以查阅相关资料。

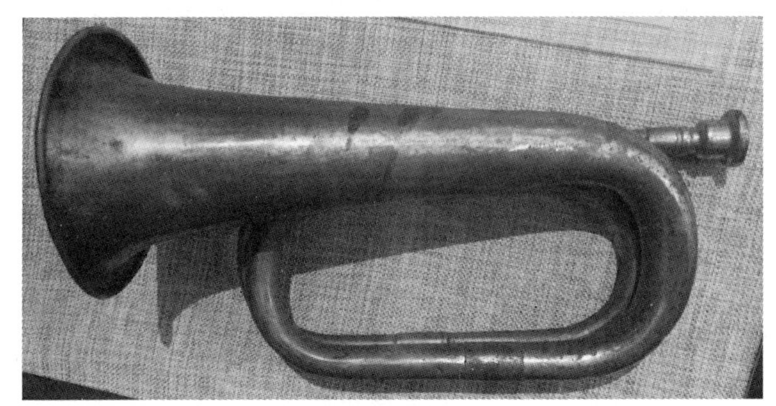

图 4-12　军号

即便如此，铜管乐器在一种管长情况下泛音的个数还是有限的，所以音乐会中使用的铜管乐器大多都装有由按键控制的活塞或阀门。当演奏者按下这些按键时，活塞或阀门将一段管道加入原有的气路之中，使得整个管道的长度增加一些，从而改变每个泛音的音高。这样，铜管乐器就可以演奏比原来更多的音符。我们最常见到的三阀门小号或圆号，就可以在一定范围内演奏十二平均律中的所有音符。当然为了达到更好的演奏效果，有不少铜管乐器是四阀门或五阀门的。

3. 圆号的工作原理

圆号是从狩猎的猎号发展而来的，莫扎特有一部圆号协奏曲就描写了热闹的狩猎场面。圆号本来是一种自然长度乐器，也就是说，它的管道长度是固定的，如图 4-13 所示。

图 4-13　早期的圆号

管道长度是固定的，圆号能吹奏的泛音个数是有限的，这对于打猎来说是够用了，但是在音乐会的乐队中就远远不够了。于是当时的演奏家就逐步发明了一种叫“阻塞”的演奏方法，也就是将右手伸入圆号的喇叭口，以此来改变整个泛音序列每个音的频率，以增加可以演奏的音符的个数。这种演奏方法一直延续到现代，尽管现代的圆号增加了阀门，已经可以演奏所有音符，但演奏家们仍然用这种方法改进演奏的音色，同时也以此来微调吹奏出音符的音高。

每个圆号演奏家可能会有不尽相同的右手技巧，但据我所知，一些演奏家是用右手的阻塞来降低泛音的频率的。下面，通过一个简单的实验来了解这个技巧。

我们用前面实验中使用的硬纸管，将纸管的一端封闭，以此模拟圆号的声学结构，如图 4-14 所示。将手机生成正弦波的 APP 启动，选择一个合适的管长及谐振频率组合，比如 680 赫兹、87 厘米，然后微调管长，找到谐振的极大点；然后将管长略微调短一点，或者将手机的频率稍微调低一点，如调到 670 赫兹或 660 赫兹，这时由于频率偏离了谐振点，手机的声音在纸管里不如原来响了。我们将手并成一个浅盘形，放在管口，逐步调整手和管口的相对位置，当手的位置合适时，我们会听到系统重新达到谐振，纸管里的声音又变得响亮了。由此可见，通过这种“阻塞”方法，可以在固定管长的情况下降低泛音的谐振频率，如同圆号演奏家吹奏出较低的音符。在这种情况下，我们的手相当于延长了一段管壁，等效于增加了管道的长度。

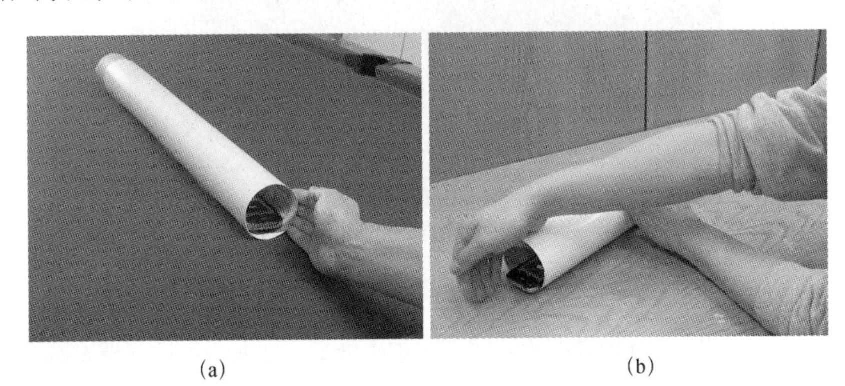

(a) (b)

图 4-14　圆号演奏右手技巧的模拟实验

四、波在同轴电缆中的反射

同轴电缆在需要传输高频信号的各种应用中十分普遍。同轴电缆内有两个同轴的导体，中间由管状的绝缘体分隔。管状绝缘体的中心是一根芯线，其外层通常是一层网状的导体。网状导体的外面通常还有一层保护外套。同轴电缆在传输脉冲电信号时，可以在很大程度上保持信号的形状。同轴电缆在其端口，也会将信号朝相反方向反射，这与管道对声波的反射类似。

1. 同轴电缆开口端对波的反射

我们用信号发生器产生一个短脉冲信号，脉冲宽度大约 10 纳秒。信号发生器的输出通过一个三通接头连接到另外一根 5～6 米长的同轴电缆上，三通接头插在示波器上，以观看电缆中的信号，如图 4-15 所示。我们首先观察在电缆的另一个端口上不连接任何器件，即如图 4-15 所示电缆开路的情况。这时，我们看到示波器上呈现两个脉冲，而且两个脉冲的幅度基本相同，极性也相同，入射和反射脉冲都是负向的。这两个脉冲中第一个是信号发生器发出的脉冲，当这个脉冲经过三通接头时，示波器显示了在这个点上的电压变化，而第二个脉冲是从电缆的开路端口反射回来的。这种情况下，由于电缆的远端没有连接任何器件，我们可以把它看成是连接了一个阻抗无穷大的器件。

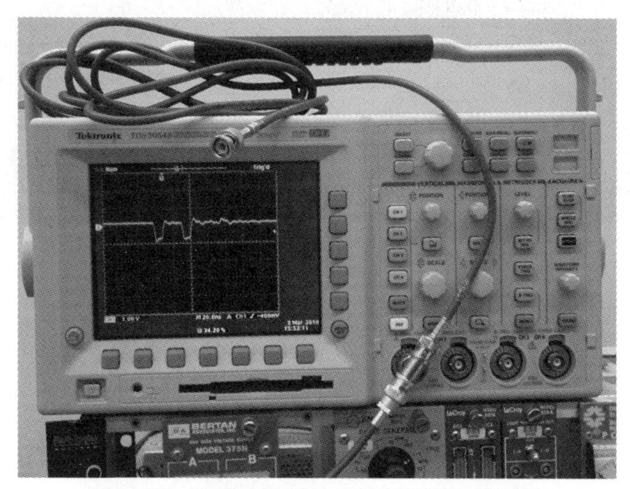

图 4-15　电脉冲在同轴电缆开放端口的反射

☞ **安全提示：** 实验过程中注意用电安全。

2. 同轴电缆短路端对波的反射

下面我们把电缆的远端用一根金属丝短路，实验的情景如图 4-16 所示。在这种情况下，电缆连接了一个阻抗为 0 的器件。这时我们同样可以看到信号发生器发出的脉冲及电缆端口的反射脉冲，从脉冲幅度上看，两者的大小也差不多，只不过反射脉冲的极性反转了，入射脉冲是负向的，而反射脉冲变成了正向。

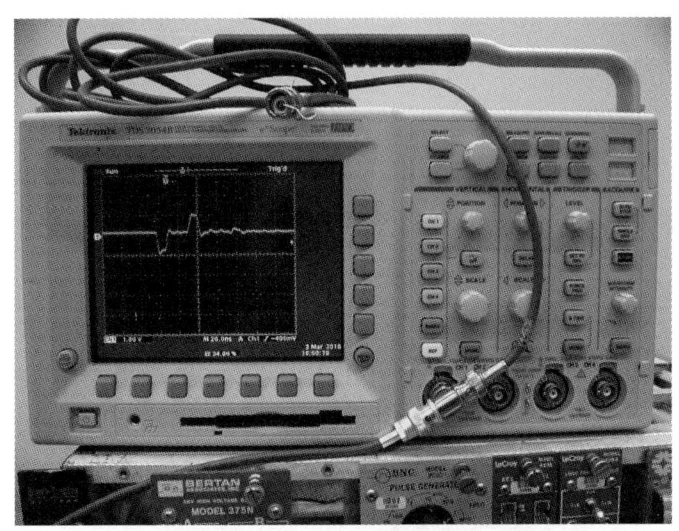

图 4-16　电脉冲在同轴电缆短路端口的反射

上面这两种情况与声波在管道端口的反射性质很像。当声波在开口或闭口的端口反射时，也是一种情况反射波保持原有极性，而另一种情况反射波变成相反极性。

我们已经看到无论电缆的端口是开路还是短路，脉冲都会从端口反射回来。这对于实际应用是非常不利的。当我们传输一个信号，如传输计算机生成的数据脉冲串时，前面脉冲反射回来的信号会干扰后面的脉冲，造成数据传输错误。

3. 阻抗匹配

怎样才能把脉冲在电缆的端口“吸收”掉呢？我们可以在电缆的端口连接一个阻抗匹配器件。阻抗匹配器件是一个固定电阻，其数值与电缆的特征阻抗一致。比如，对于特征阻抗为 50 欧姆的电缆，阻抗匹配器件的阻值也是 50 欧姆。电缆端口接上阻抗匹配器件后，电缆中的脉冲信号就不再反射回去，从图 4-17 中可以看到示波器上只剩下一个发射脉冲了。

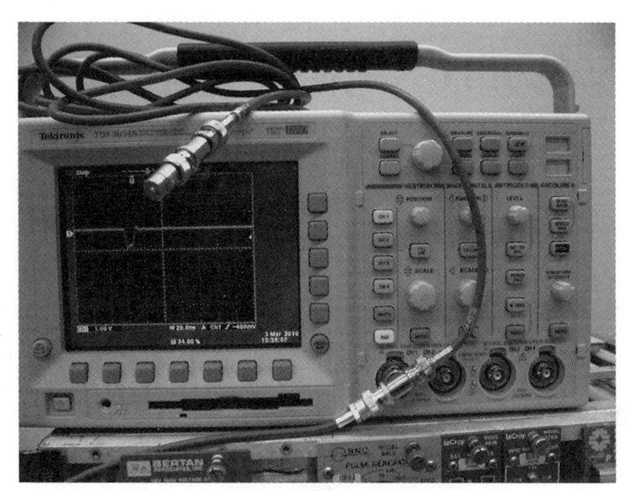

图 4-17　电脉冲被阻抗匹配电阻吸收

阻抗匹配是电子学中一个极其重要的概念，大到通信网络，小到印刷电路板设计，都必须考虑到这个问题。

扫一扫，观看相关实验视频。

第五章　电磁现象直观化

宇宙中存在四种相互作用，即强相互作用、弱相互作用、电磁相互作用和引力相互作用，我们平时比较常见的是后两种。相比于引力，电磁力比较复杂，而且不是很直观。不过，通过一些实验，我们可以将比较抽象的电磁学概念及相关原理直观化，使之变得容易记忆与理解。

一、摩擦生电与电池里的电

摩擦生电是大家都很熟悉的一种现象，但很多读者可能都有一个疑问：摩擦产生的电与电灯用的或电池里储存的电是同一种吗？笔者在最初学习电的知识时，也有这样的疑问。

我们看到摩擦塑料等物品产生的电可以吸起纸片，却没有见过它点亮灯泡，相反，日常用的电可以点亮灯泡，却没有见过其吸起纸片。这种差异让两种电看上去毫无相同之处，难怪令人怀疑它们到底是不是同一种。

从理论上我们知道，在这两种情况下，电源的电压与总电量非常不同，因而产生的现象也不同。这样的论说虽然正确，却不易理解。因而，与其局限于论说，不如通过几个简单的实验来证实这两种情况下产生的电是完全一样的。

1. 摩擦生电点亮灯泡

首先，我们考虑摩擦生电产生的电荷是否可以点亮灯泡。由于摩擦生电所产生电荷的总电量非常少，要用它来点亮白炽灯泡非常困难。不过，摩擦生电所产生的电压比较高，因而完全可以点亮日光灯或其他基于气体放电原理的节能灯。

我们将一个塑料或橡胶制品（如气球）在头发上摩擦，然后靠近一个日光灯或节能灯，如图 5-1 所示。当然，为了得到这张照片，我们只能在明亮的环境下拍照，但在明亮的环境下无法看到节能灯的闪光。真正的实验，必须在黑暗环境下做。

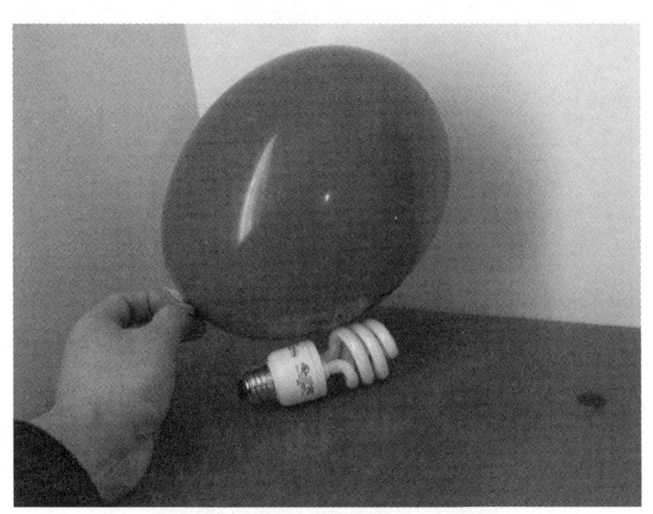

图 5-1　静电放电点亮荧光灯实验

在黑暗环境中，我们可以看到日光灯或节能灯发出短促的闪光。由此可见，摩擦生电产生的电荷在周围空间产生比较强的电场，并且这个电场的强度已经可以使日光灯或节能灯内的气体发生电离，由此产生闪光，如图 5-2 所示。图中节能灯发出的光比较暗，而且是短促的闪光，因而使用通常延长曝光时间的技巧效果并不好。笔者拍摄时采取的措施是将感光度设定到最高（ISO 12800），光圈和快门分别设定为 F2.8 与 1/2 秒，以这样的曝光度就可以拍摄到节能灯的闪光了。拍摄前，打开房间里其他的灯，然后用手动方式对焦。同时注意对焦后不要将对焦方式设置回自动对焦，因为实际拍摄是在几乎无光的条件下进行的，照相机无法进行正确的自动对焦。正式拍摄时，将房间中所有的灯都关掉，按下快门使相机连续拍摄，同时将带电物体不断靠近与离开节能灯，这样在连续拍摄的多张照片中，就可以抓拍到节能灯管闪光的照片了。不过由于光线太暗，照片上无法拍摄到靠近或离开的带电物体。

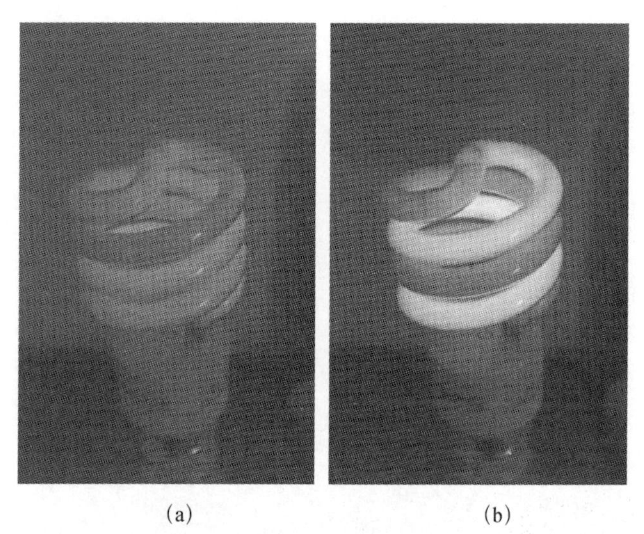

(a)　　(b)

图 5-2　静电放电时荧光灯的闪光

大家可以注意到一个有趣的现象，日光灯或节能灯往往是在我们移动带电的物体时才发出闪光。当我们把气球靠近日光灯或节能灯时，可以看到灯管发出若干次闪光；当气球完全靠在灯管上时，闪光停止。我们可能会觉得这是由于电“用完了”。然而，当我们将气球移开时，灯管又会出现闪光。这种移动造成闪光的过程往往可以往返重复多次。这个现象实质上是外部机械力克服静电力做功，从而使机械能转变成为电能。当气球靠在灯管上时，气球上的电荷与灯管里的异性电荷互相吸引而靠近。由于异性电荷互相靠近，它们产生的电场也互相抵消，于是当气球靠在灯管上静止不动时，灯管不闪光；当气球移开时，灯管内的电荷产生的电场增强，电荷重新分布，由此造成气体放电，又出现闪光。

电学教材里一个非常经典的电学实验，是把充了电的电容器的两个电极分开，这会使得电容器两端的电压急剧升高。这与我们看到的移动带电物体造成闪光的现象类似。

2. 电池与高压电

前面这个实验让我们看到了用摩擦产生的电不但可以吸起纸片，而且可以点亮节能灯。那么，反过来，电池里的电能够吸起纸片吗？我们通过另一个实验来直观地解答这个问题。

我们用的器材是一个家用的高压电蚊虫拍。电蚊虫拍中有一个直流到直流的转化器，可以将充电电池的低电压提升成直流的高电压。

☞ **安全提示：**绝对不可以直接用手或手持金属等导体碰触高压电蚊虫拍的任何金属部分，以免发生触电事故。高压电蚊虫拍产生的高压电足以造成人身伤害，所以必须有其他成年人在场，绝对不可以独自进行任何有人身危险的实验。

当我们按下电蚊虫拍的升压按钮时，拍子内外层金属之间就会存在一个高压，如果有蚊虫飞入，就会引起放电产生一个电火花，将蚊虫加热气化。当电蚊虫拍充上高压电后，将一些小纸片靠近，纸片就会被吸在金属网上，如图5-3所示。通过这个实验可以看到，只要电压足够高，带电导体周围的电场就会足够强，以致可以将纸片极化而吸起来。

图 5-3　高压电吸引纸片

二、弱电与强电

通常在我们的印象中，电池里存储的是“弱电”，而电工用的验电笔是用来显示“强电”的。的确，一节普通电池的输出电压约 1.5 伏特，而验电笔中的氖泡通常要 70～80 伏特才能点亮。要想用电池点亮氖泡，必须将电池输出的电压升高才行。

1. 电压升高实验

我们通过一个实验，实际地观察一下如何将电池的电压升高到能够点亮氖泡。在实验中，我们使用一个小型电子产品的变压器将电压升高。氖泡与变压器的连接如图 5-4 所示。笔者用的变压器本来是用来降低电压的。我们现在把它反过来用，将氖泡连接在变压器原来的初级线圈，即与墙上交流电源插座相配的插头，而将原来的低压输出端与电池的两极互相断续碰触。在碰触的过程中，我们可以看到氖泡发出了闪光。

图 5-4　变压器与氖泡

> ☞ **安全提示：** 实验中绝对不可以用手碰触任何金属部分（包括电池的两极）。必须有其他成年人在场，绝对不可以独自做任何有人身危险的实验。

这个实验的原理看似非常简单。变压器实际上是两组通过铁芯耦合的线圈，通常一组匝数多另一组匝数少。如果在匝数多的一组输入一个交流电压，匝数少的一组就会输出一个较低的电压，成为一个降压变压器；如果反过来用，就会成为一个升压变压器。不过只要我们做个粗略的计算，就会发现一个有趣的问题。笔者用的变压器是将家中插座里的 120 伏特交流电转换为 7.5 伏特，这意味着其初级与次级线圈的匝数比约为 16∶1。因此，作为升压变压器使用时，其升压比应该是 16 左右。这就有了一个问题，当我们在输入端接上 1.5 伏特的电池时，输出电压似乎应该是 1.5 伏特的 16 倍，即大约 24 伏特，然而我们知道，24 伏特的电压并不足以点亮氖泡。

2. 磁场变化率对感生电压的影响

为了解答这个问题，我们将实验再做得仔细一点。不难发现，氖泡只在电路切断的瞬间才会发光，而在电路接通时与接通后都不会发光，如图 5-5 所示。这正如我们在物理课上学到的，变压器只能将交变的电压按比例升降。变压器线圈两端产生的电压，本质上是线圈中磁通量变化所感应生成的。感生电压的高低与磁场的变化率有关。当我们将电池两端与变压器的线圈相接时，线圈内的电流是缓慢增加的；而当电池接好后，电流就不再变化。这两种情况下，变压器铁芯里的磁场通量变化都不大，因而氖泡不亮。相反，当我们切断电路时，电流无法继续流过，因而只能在很短的时间内降到 0，这就使得电流的变化率非常大，从而使得变压器铁芯里的磁通量也出现很快的变化，而磁通量的快速变化使得变压器的两个线圈上都感应生成一个很高的电压，从而点亮氖泡。

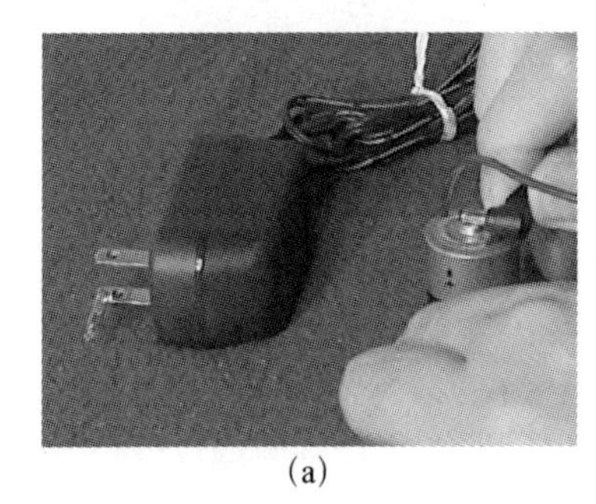
(a)

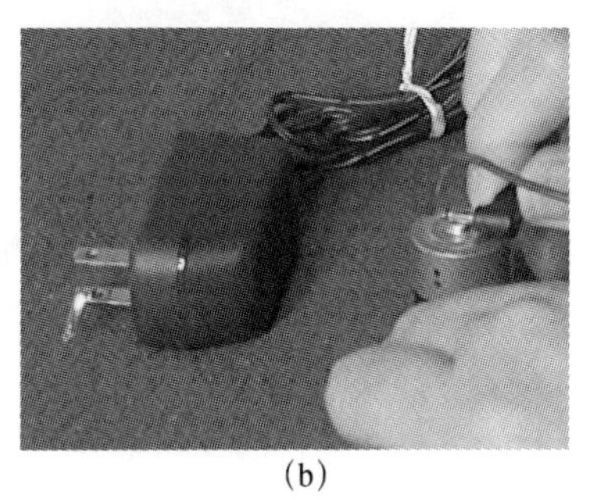
(b)

图 5-5　电池点亮氖泡的实验现象：（a）电池接通；（b）断开瞬间

这里我们强调一个事实，在这个实验中，电池断开时无论初级线圈还是次级线圈上都存在高压。氖泡完全可以接在低压的这一端，当电池断开时，同样可以将氖泡点亮，你不妨试试。

从这个实验我们知道，当电池与变压器低压端线圈组成的回路被切断的瞬间，这个线圈两端的电压不是 0，也不是 1.5 伏特，而是一个相当大的数值 V_x。这样，在变压器的高压端，线圈两端的电压是 V_x 的 16 倍，远远超过 1.5 伏特的 16 倍。

由此可见，我们在做这个实验时，不要让手接触电路上的任何导体，否则会造成触电。这里需要提醒的是，既不要接触高压端，也不要接触低压端的导体。不论哪一端，在电路切断时都会产生高压。

三、用电容器储存电荷

电荷有点像瓶子里的水，而电容器则是储存电荷的容器。

1. 实验现象

下面的实验为大家展示往电容器里存储电荷然后又放出来的情景。在这个实验中，我们用一个 2200 微法的电容器储存电荷，然后通过一个 511 欧姆的电阻和一个发光二极管放电。实验用的电源是一个 9 伏特的电池，整个实验装置如图 5-6 所示。当把电池的两根导线与电容器的两端接触时，电流流过电阻和发光二极管，同时电容器储存了一些电荷，如图 5-7 所示。把导线移开，电容器里的电荷逐渐放出，随着储存的电荷变少，电容器两端电压变低，发光二极管的亮度也逐渐下降。我们进一步将两个、四个电容器并联，从图 5-8 中可以看到，在其他条件相同的情况下，电容器越多，储存的电荷量越大，放电的时间越长。

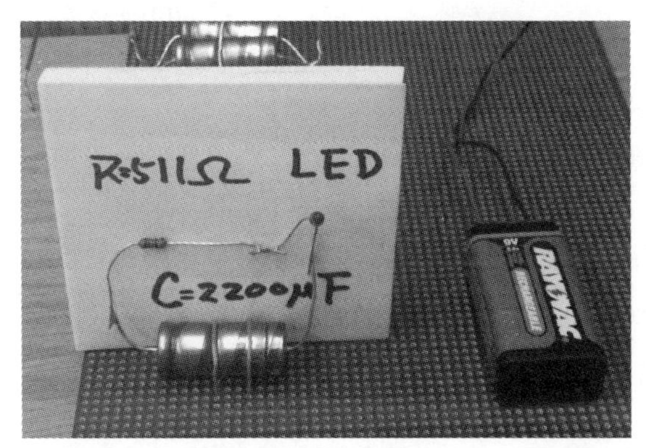

图 5-6　电容器与发光二极管组成的实验电路

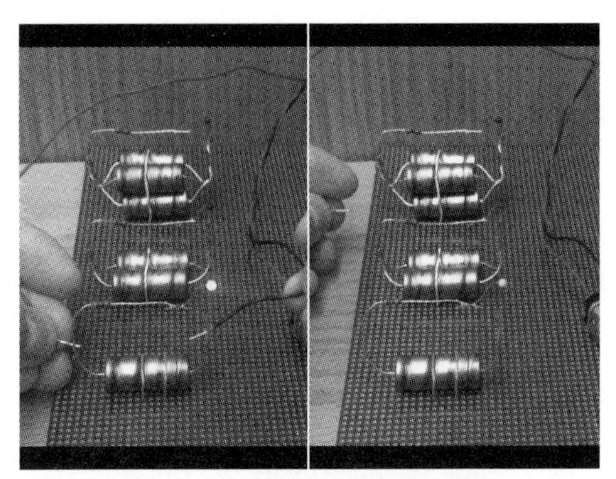

图 5-7　电容器的充电与放电现象

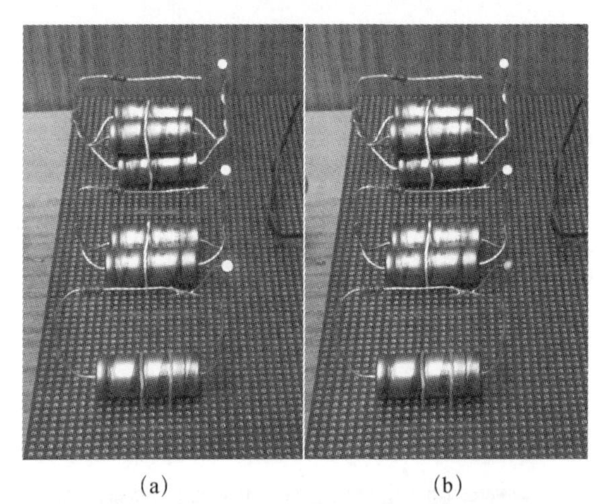

(a)　　　　　　　　　　(b)

图 5-8　不同电容量电容器的放电现象

2. 实验结果分析

下面我们用电容的定义和欧姆定律分析一下这个实验。

电容量 C 为 2200 微法的电容器可以储存多少电荷呢？这和电容器两端加的电压（V）有关，电容器储存的电荷量（Q）为

$$Q = VC \tag{5-1}$$

对于 2200 微法的电容器，当我们用电压为 9 伏特的电池对它充电时，储存的电荷量为

$$Q = 9 \times 2200 \times 10^{-6} \tag{5-2}$$

我们这里得到的结果是大约 20 毫库仑（mC）。

20毫库仑电荷对电阻和发光二极管放电可以放多久呢？电流I等于单位时间 t 内流过导体某一点的电量 Q：

$$I = Q / t \tag{5-3}$$

当电容器刚充满的时候，两端电压为 9 伏特，发光二极管发光时，其正向电压降需要占用 2 伏特，因此在 511 欧姆两端的实际电压约为 7 伏特。于是根据欧姆定律，在这时放电的电流约为

$$I = \frac{V}{R} = \frac{7}{511} = 14(\mathrm{mA}) \tag{5-4}$$

如果一直按这个放电速度，20 毫库仑的放电时间为

$$t = \frac{Q}{I} = \frac{20}{14} \approx 1.4(\mathrm{s}) \tag{5-5}$$

我们从实验中可以看到，发光二极管的发光时间比 1.4 秒要长一些，这是由于电容器的放电速度不是固定的。当电容器的电荷放出一部分之后，电容器两端电压变低，从而导致放电的电流变低，于是剩下的电荷可以细水长流，慢慢地放出来。

那么，这个发光二极管到底可以亮多久呢？从数学方面讲是在无穷长时间中，电容器始终放不完其中的电荷。因为它的放电速度是越来越慢的，是按照指数函数衰减的，可以无限慢。当然实际上，当电容器放电的电流小到一定程度时，我们就无法看出发光二极管是否还在发光了。

四、光电二极管

当光照射到晶体二极管时，半导体材料会将光子的能量转换为电能，因而

产生电流。在这种情况下，二极管可以用来探测光信号。

1. 二极管的光电性能

我们通过一个简单的实验来了解二极管的光电性能。实验装置如图 5-9 所示。这里使用的二极管是在电子产品中常见的发光二极管，这种发光二极管通常被用来显示系统的工作状态。我们将发光二极管的两端与数字万用表的两端连接，以此测定发光二极管两端的电压。如果将发光二极管包住，与外界光线隔绝，我们可以看到万用表显示的电压为 0。让光线照射发光二极管，即可看到电压随着光强增加。不过，发光二极管输出的电压并不会无限增加，而是在比较亮的光照下增加变缓，最终呈现饱和。即使我们用激光笔去照射发光二极管，也不能进一步增加其输出电压。但是，在一定的光强范围内，这个发光二极管已经可以用来测定光强或接收光信号。

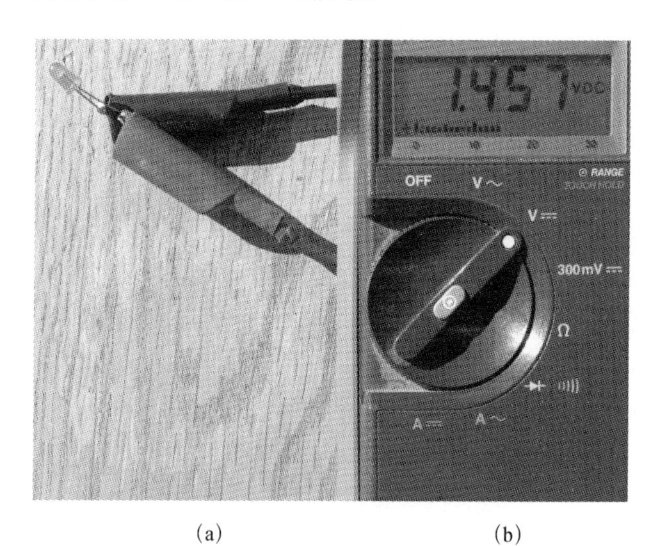

(a)　　　　(b)

图 5-9　发光二极管作为光敏器件的实验

为了进一步演示发光二极管接收光信号的能力，我们将发光二极管接在示波器上，发光二极管的负极接地，正极与探头信号端连接，如图 5-10 所示。

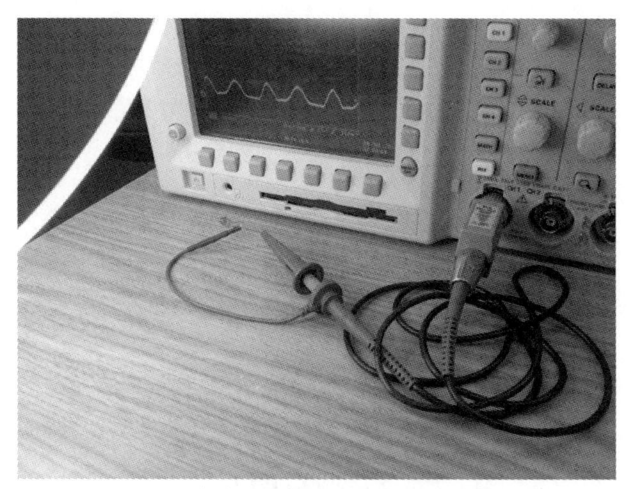

图 5-10　发光二极管探测日光灯闪烁的实验

用日光灯照射发光二极管，从示波器上就可以看到日光灯闪烁引起的电压变化。当交流电通过日光灯时，日光灯会产生相应的闪烁。对于 60 赫兹的交流电，每秒出现正负峰值各 60 次，因而日光灯会变亮 120 次。我们在示波器上看到的就是这种明暗变化通过发光二极管产生的电压变化。由此可见，即使我们使用这个发光二极管来接收光信息，接收速度也至少可以达到 240 比特/秒。而我们还有很大的余地，可以通过各种改进措施大幅提升光信号的传输速率。根据笔者的实际测量，普通手机上用的白色发光二极管可以非常容易地达到 1000 比特/秒以上的传输速度。

这里选用发光二极管来演示其接收特性，主要是为了揭示发光二极管所具备的双重功能。很多电子产品需要探测外界光强，使用专用的光电二极管固然是一个方案，很多电子产品（如手机等）也是这样设计的。使用专用的光电二极管虽然价格不高，由此增加的产品成本有限，然而由于在产品中增加了一个元件品种，所以生产过程中就必须为这个元件专门安排采购、测试、质量控制等工作。同时在产品设计中，要考虑留出外界光线到达光电二极管的通道，也就是说，要在外壳上多设计一个孔。这对于小型电子产品所带来的麻烦更多一些。

很多时候，电子产品对于外界光强的测量精度要求不高。这时，完全可以利用已有的发光二极管兼做光强测量的器件。

有时，我们需要电子产品之间近距离地交换一些信息，如交换持有者的名片，乃至购物的支付信息等。这种信息交换如果用无线方式传输，多少存在信息泄露的隐患，如果用二维码则需要电子产品有摄像头和足够大的显示屏，而且信息收发之间的切换也不是很方便。使用单个发光二极管，则可以方便而保密地在两个系统之间互相往返传输各种内容及确认信息。当然，要想传输比较大的文件，如照片、视频等，我们仍然需要使用无线网络，如 Wi-Fi 等。不过，我们完全可以利用发光二极管构成的近距离保密通道来传输加密编码与解码算法的密钥，这样可以保障在无线通道中信息的安全传输。

2. 应用实例

让发光二极管作为光敏元件，可以用于各种需要测量光强的地方。笔者使用如图 5-11 所示的装备测定了 2017 年 8 月 21 日日全食的光强变化。整个实验装置由两个数字电压表和一部退役手机组成，手机用来测定时间，两个数字电压表分别测定一个发光二极管和一个太阳能电池板两端的电压。日全食发生时，我们对整个装置拍摄了录像，以此记录不同时间两个光敏元件的输出电压。图 5-11 是在几个不同时刻录像的截图，可以看出光线变暗直至几乎全黑，然后光强逐渐恢复的过程。我们将视频文件中不同时刻对应的两个电压值录进制图软件，画出在不同时刻两个电压值的曲线，如图 5-12 所示，以对观测结果进行更加细致的分析。图中两组数据点分别是发光二极管（10*VLED）和太阳能电池板（VSP）两端的电压，其中发光二极管产生的电压比较低，所以标在图上的数据点是实际数值的 10 倍，以便将其变化趋势显示得更加清晰。两根竖线分别是日全食发生与结束的时刻，可以看出，天文学的计算与实地测量结果是吻合的。从图中我们还能看到在 13:15:00 左右有一个亮度急剧变暗的事例。这是笔者在测量过程中接近实验装置检查时遮挡了光亮造成的。

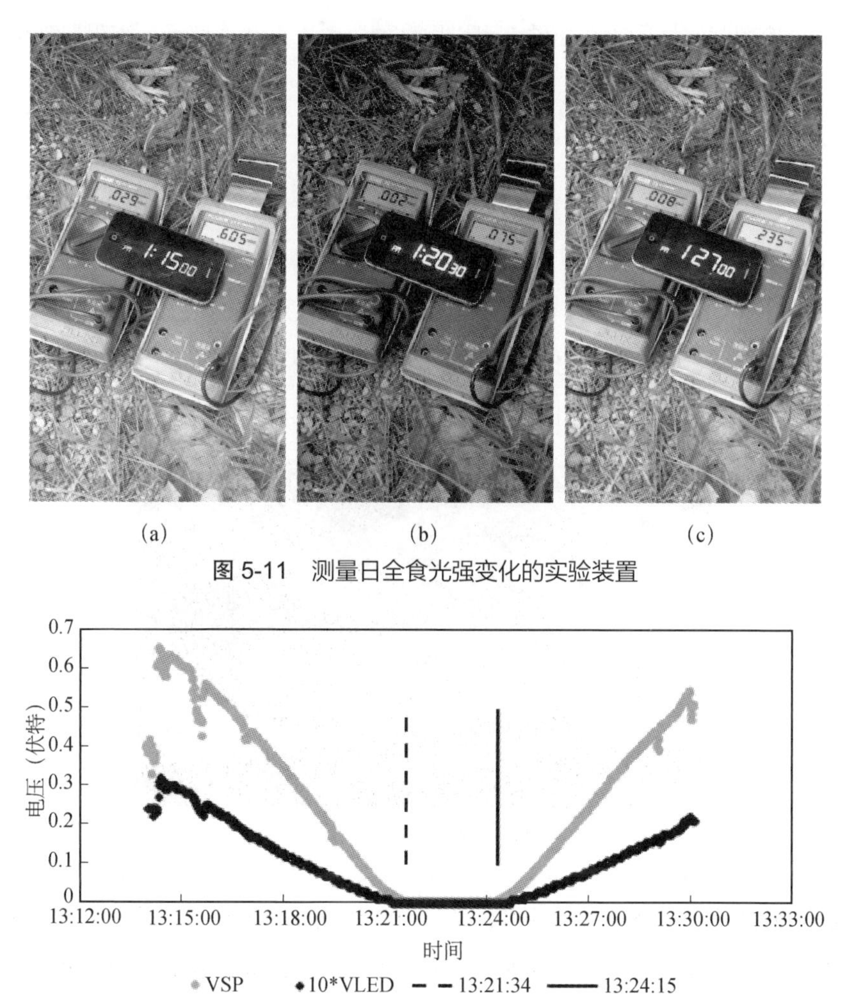

图 5-11　测量日全食光强变化的实验装置

图 5-12　日全食光强曲线

五、涡流阻尼

当导体在磁场中运动时，由于导体内磁场强度的变化，导体中会产生电流。这个电流和磁场相互作用，又会产生一个力，阻碍导体的运动。这就是涡流阻尼现象。

要想直观地观察到这种现象，需要有比较强的磁场。现在在很多电子产品中广泛应用强磁性的永久磁铁，可以用这种磁铁来直观地感受涡流阻尼现象。

1. 零件选备

笔者是从废旧台式计算机的硬盘存储器里回收的强力磁铁。拆开硬盘存储器的关键是找到正确的工具，很多厂商生产的硬盘使用六角星形改锥头的螺丝，这种螺丝不是很常用，因此存储器的外壳平时无法轻易打开。但只要使用正确的改锥头，就不难拆开。一个拆开的硬盘如图 5-13 所示。硬盘存储器中除了磁铁外，其他很多部件也可以拆出来用于做其他实验。

图 5-13　硬盘存储器

☞ **安全提示：**做这个实验时，必须全程佩戴防护眼镜。如果从废旧电子产品中拆卸回收磁铁，应在成年人带领下进行。注意选择正确的工具，避免用力过猛，以防受伤。

2. 制作组装

我们根据手头材料的不同，制作了几个演示实验装置，供读者选择，如图 5-14 所示。在图 5-14（a）中，两块强力磁铁相对吸在一根塑料扁管上，两块磁铁之间形成一个比较强的磁场。如果让一段铝片从扁管内穿过，就会看到铝片在滑过磁铁之间的时候速度突然变慢，然后以较低的速度慢慢地滑过。这个过程看上去有点像石头落入水中后慢慢地沉下去。

有的硬盘的磁铁拆出来后可以继续保持原来的间隙，如图 5-14（b）所示。这时让一段铝片从间隙中滑过，也可以看到铝片比较慢地匀速落下。如果能找到铝质型材，可以搭一个斜面滑道，如图 5-15 所示。把一个磁铁放在斜面上，磁极接触斜面，可以看到磁铁也会缓慢地匀速下滑。

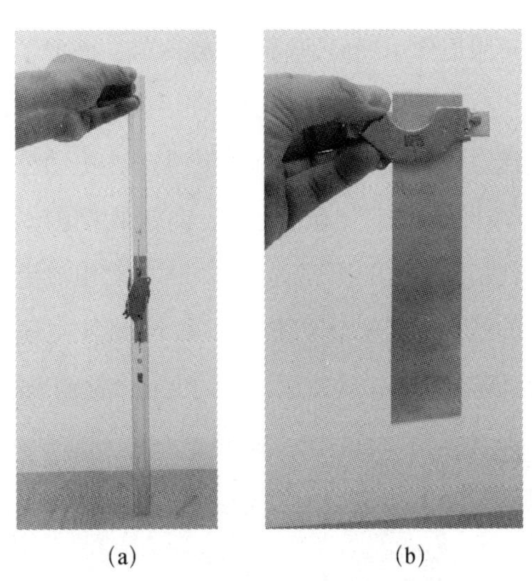

(a) (b)

图 5-14 涡流阻尼演示实验装置

理论上，我们知道这种阻尼现象是导体内存在感应产生的电流，不过看不到这个电流，那么有什么办法可以进一步证实这一点呢？我们用薄铝片（材料取自回收的易拉罐）折叠几层制成两根铝条，一根保持完整，另一根剪开成梳子形状，如图 5-16 所示。让这两根铝条分别从前面谈到的扁管中滑过，可以看

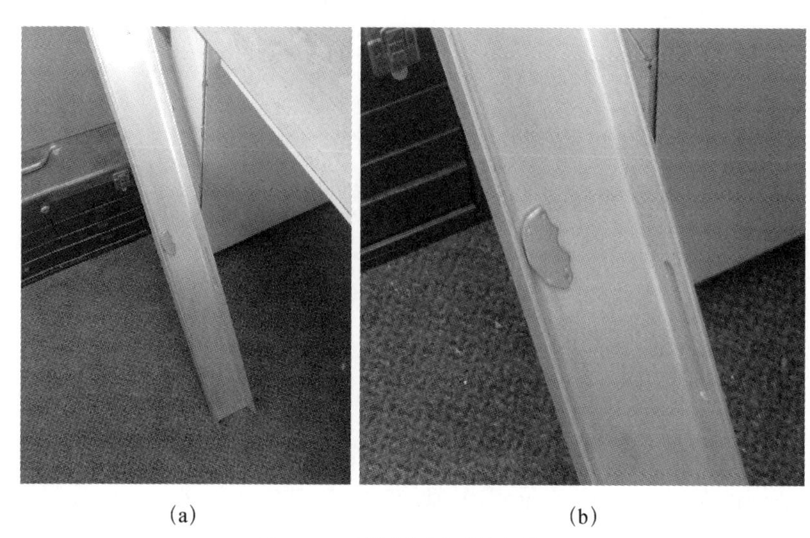

(a) (b)

图 5-15 磁铁在铝型材上滑下

出，完整的铝条由于阻尼作用缓慢地通过磁铁区域，而剪了口的铝条会很快穿过磁铁区域，几乎没有阻尼现象。这是由于在铝条上剪口后，把电流的回路剪断了，无法产生涡流。只要磁场变化，就会产生感生电动势，如果存在导体，感生电动势就会推动导体中的带电粒子运动，而如果带电粒子的回路是畅通的，就会生成电流，这就是发电机的原理。与此同时，有电流流过的导体，在磁场中会受力，电动机就是利用了这个原理。所以，涡流阻尼现象可以看成是一个发电机和一个电动机连在一起，导体运动发的电马上被用来阻碍导体的运动。

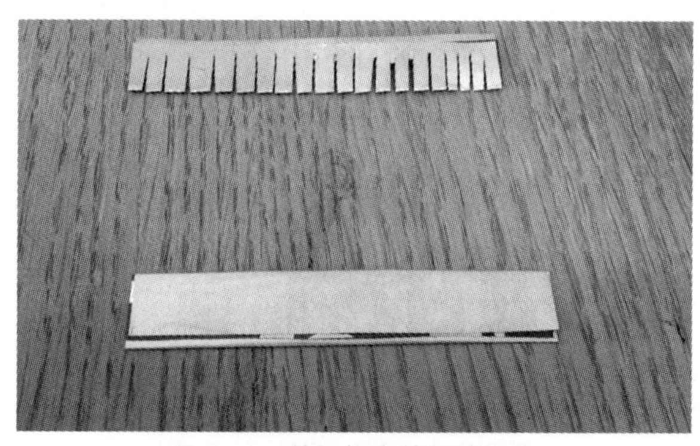

图 5-16 剪口与未剪口的铝条

六、温差电偶

温差电偶又称热电偶，通常是用两种不同的金属铰接或焊接而成，利用温差电现象将温度差转换成电。温差电偶广泛地应用于需要温度测量的各种工业和科研设备中。

在这个实验中，我们做了一个温差电偶，以此直观地获得关于温差电现象的知识。

1. 制作组装

在这个实验中，我们要测量毫伏量级的低电压，为此要用到数字万用表。现在大部分数字万用表产品都有 200 毫伏或 300 毫伏量程的挡位，是相对低价易得的测量设备。选取两段铜丝和一段铁丝，用砂纸把铜丝和铁丝打磨光亮，然后把两段铜丝的一端分别与铁丝的两端铰接在一起，两段铜丝的另一端各自与数字万用表的两个表笔连接起来。为了保证连接可靠以防松动，可以用橡皮筋将其固定，如图 5-17 所示。

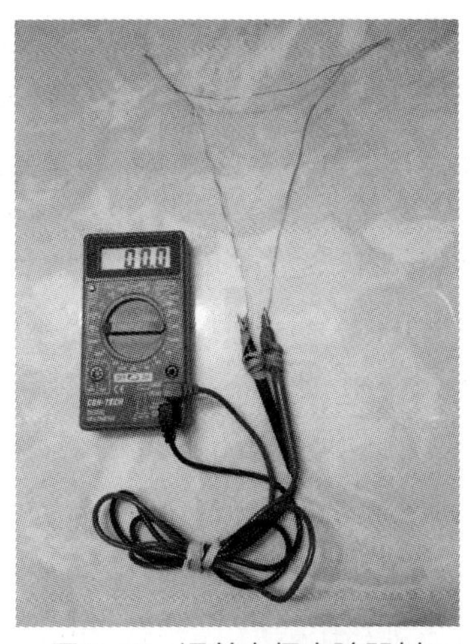

图 5-17　温差电偶实验器材

实际上，任何两种不同的金属铰接起来后都会产生温差电效应。在常见的金属材料中，铜丝和铁丝是比较易得且温差电效应足够明显的组合。

2. 实验步骤

当这两个铰接点的温度都是室温时，万用表测到的电压为 0。现在让这两个铰接点的温度不同。如图 5-18 所示，在一个水盆中放一支点燃的蜡烛，让蜡烛的火焰顶端去烧温差电偶的一个铰接点，同时把另一个铰接点放到水里。

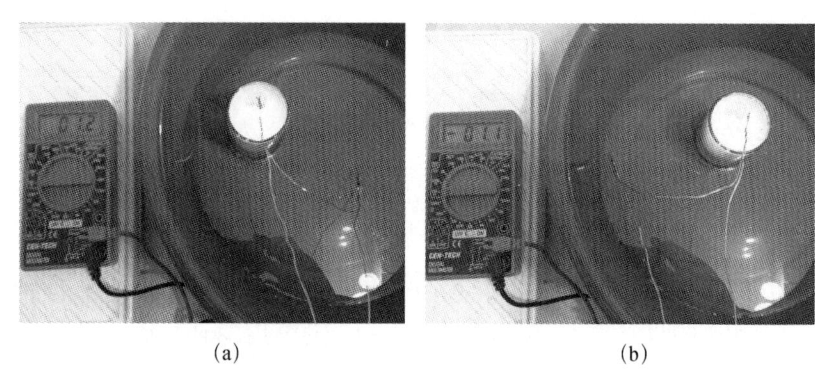

(a)　　　　(b)

图 5-18　对温差电偶铰接点（a）和对另一铰接点（b）加热的情景

☞ **安全提示：** 做这个实验时，应有成年人在旁协助，应提前将附近可燃物移开。注意每次烧过铰接点后都要放到水中冷却，以防烫伤。

我们把蜡烛放在水盆中，首先是为了安全，防止蜡烛引起火灾，同时也是方便冷却另一个铰接点。这时我们会看到万用表的读数慢慢升高，如果让铰接点离开火焰，万用表的读数就会下降。将两个铰接点都放入水中彻底冷却（注意：每次烧过铰接点后都要放到水中冷却，以防烫伤），然后烧另一个铰接点。这时万用表的读数值也会增加，但正负符号与刚才相反。把两个铰接点彻底冷却，然后弯折铜丝和铁丝，让两个铰接点靠近。用蜡烛火焰同时烧两个铰接点，观察万用表的读数。把两个铰接点放到水中冷却，再观察万用表的读数。我们发现，只要两个铰接点的温度接近，万用表的读数就基本是 0；而在两个铰接点温度出现差异时，万用表读数也随之发生变化。这就是温差电偶名称的由来。

在做这个实验时，可以将冰水放在水盆中，这样可以确保热电偶的冷端温度为 0℃。热端除了用蜡烛，还可以试用酒精灯或煤气灶的火焰，观察不同火焰温度的差别。

七、洛伦兹力

运动的带电物体在磁场中受到的力叫作洛伦兹力。洛伦兹力及其应用涉及我们生活的方方面面，对此，我们通过一些实例做一些直观的介绍。

1. 洛伦兹力的基本性质

带电物体与磁场的相互作用是非常奇特的。首先，带电物体在电场中无论是静止还是运动都是受力的，然而在磁场中，带电物体只有运动起来才会受力。其次，带电物体在磁场中的受力不是“直来直去”的，这个受力的方向既与磁场方向垂直，又与运动的方向垂直。带电物体在磁场中的受力称为洛伦兹力，如图 5-19 所示。

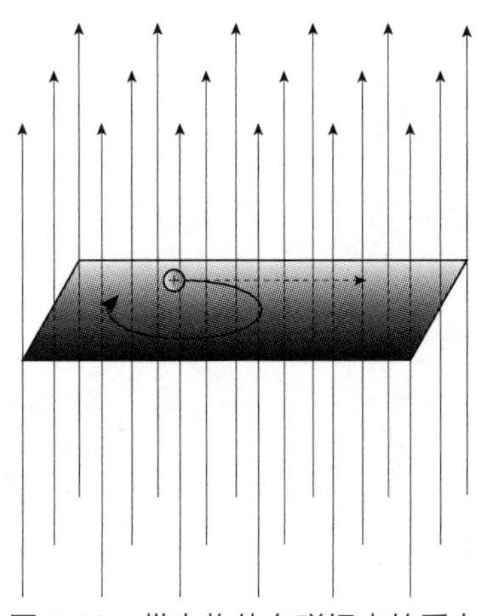

图 5-19　带电物体在磁场中的受力

注意：由于洛伦兹力总是与带电物体运动方向垂直，因此不对其做功，因而不会改变带电物体的动能或速度。

2. 实验现象

在平板显示器普及之前，电视机显像管与计算机的显示器使用的都是玻璃壳的阴极射线管。此外，很多电子仪器（包括示波器）也都是采用阴极射线管作为显示器。利用这种旧式的显示器，我们可以非常直接地看到磁场对运动带电粒子的影响，如图 5-20 所示。阴极射线管是一种真空电子管，里面安装了灯丝作为阴极，或者用灯丝加热另一个金属电极作为阴极，用以发射电子。管内还装了其他电极，加了高压，使得电子得以加速飞行。高速飞行的电子打在荧光屏上，使得荧光粉发光，从而显示图像。当让一个小磁铁靠近这种显像管时，磁场透入管内，电子飞过磁场时，受到洛伦兹力的作用，运动方向改变，偏离正常的落点，我们就可以看到显示的图像变形了。对于彩色显像管，每个像素的红、绿、蓝三种颜色的荧光粉排列在不同的位置。当电子的落点偏离正常的位置时，它们还会打到错误的颜色上，因而引起颜色的变化。从图 5-21 中我们可以看到荧光屏上一块变色的区域，这是显像管内的金属罩被磁铁磁化所致。

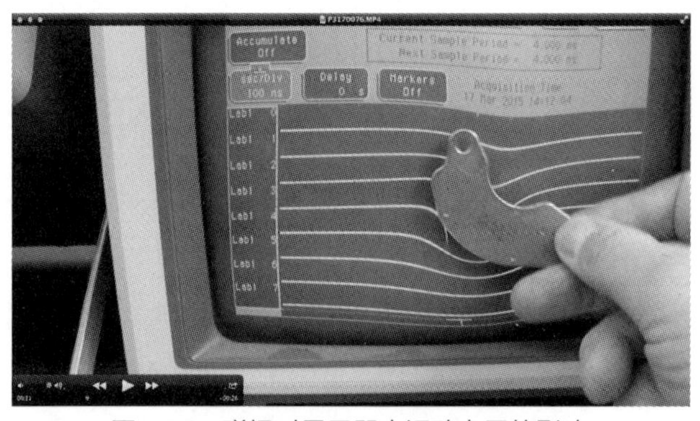

图 5-20　磁场对显示器中运动电子的影响

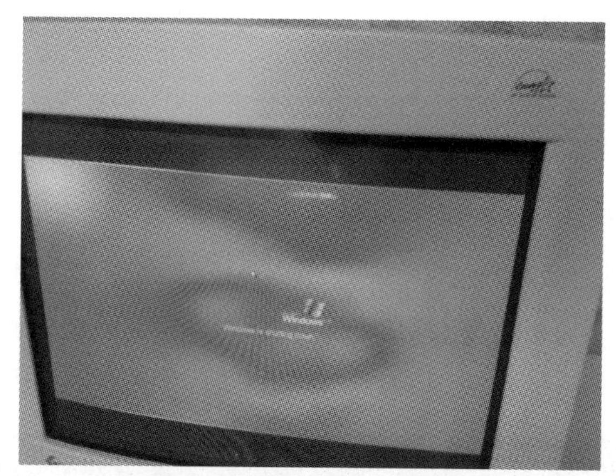

图 5-21　被磁化的彩色显示器

在这个实验中，将磁铁靠近显像管，以期影响其中电子的运动。这个实验看起来简单，其中的原理却是许多科研装备和工业产品生产和制造的基础。

3. 极光

洛伦兹力在极光产生的过程中起着十分重要的作用。关于极光产生的机制，有很多细节人们仍然不清楚，不过有一点已经确认，那就是极光的能量是由太阳风提供的。

太阳系的主星太阳，除了发出光和热之外，还在不停地向周围吹出带电的粒子，即太阳风。太阳风的主要成分是质子。我们平时看到的太阳好像是个温火慢烧的煤球，可是实际上太阳内部的能量转换过程非常剧烈。太阳活动会在太阳表面产生高达数万千米的炽热气流，此外，太阳大气中也存在各种电磁场，进一步将带电粒子加速，将太阳的物质向外抛射。

注意：不要将太阳风与太阳光混淆，太阳风的粒子也不是以光速飞出来的。太阳风的速度为 200～900 千米/秒，飞到地球需要几天时间，而太阳光到达地球只需要 8 分钟。

太阳风到达地球后，遇到地球的磁场，就会改变运动方向，在磁场中转圈。而高空大气被电离以后，有些部位的电子也可能从太阳风获得能量而被加速，在磁场中绕圈。对于一个粒子，它在磁场强度比较低的区域，转圈的半径比较大，而当运动到靠近地球两极磁场强度比较大的区域，转圈的半径就会变得比较小。这样就使得在地球两极地区上空，太阳风吹来的带电粒子比较集中，这些带电粒子与高层大气的气体分子和原子碰撞，就会形成美丽的极光，如图5-22所示。这些照片是笔者乘坐客机夜航飞过北极圈区域时拍到的。

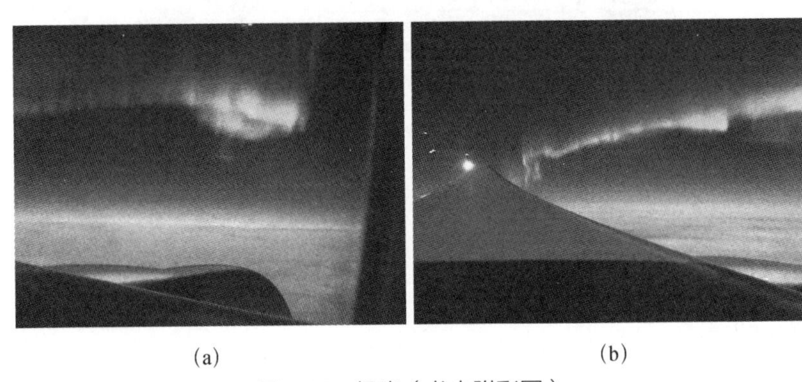

(a) (b)

图 5-22　极光（书末附彩图）

极光有时候亮度很低，因此拍摄时照相机的曝光度应该设置得比较高一些。飞机飞行时有时晃动得比较剧烈，不能靠无限增加快门时间的方法来增加曝光度，光圈的增加作用也很有限，因此，必须将感光元件的感光度设定得高些。笔者在拍摄时，将感光元件的ISO设置在10 000～12 800，光圈设置在F2.8，快门设置为1秒左右。

人眼在暗光条件下无法辨别颜色，图中的极光用肉眼看是灰白色的，像云雾一样。可是只要用照相机拍成照片，立即就可以看出极光的绿色，月光所照耀的飞机机翼及云层与极光的颜色明显不同。很多时候，人眼的性能比照相机好。然而在暗光颜色还原上，照相机却是可以超过人眼的。

地球磁场使太阳风粒子改变方向，不仅仅创造了美丽的极光，更避免了太阳风粒子直接吹到地球表面，使得地球得以演化出适于生物生存的环境。现在火星上的大气压强非常低，有一种理论认为，这是由于火星在 42 亿年前失去了磁场，于是太阳风直接吹到火星的大气，将大气中的气体分子逐渐吹走了。

八、霍尔效应器件

带电粒子在磁场中运动受到洛伦兹力而拐弯，这不仅在自由空间会发生，在固体材料中也会发生。

1. 霍尔效应简介

如图 5-23 所示，当电流从一块导电薄片的 A 边流向 B 边时，如果存在一个垂直于薄片的磁场，则薄片中运动的载流子，如电子或空穴会在洛伦兹力的作用下向两边偏转堆积，从而在薄片的另外两边 C 与 D 之间出现一个电压。这种现象叫作霍尔效应。

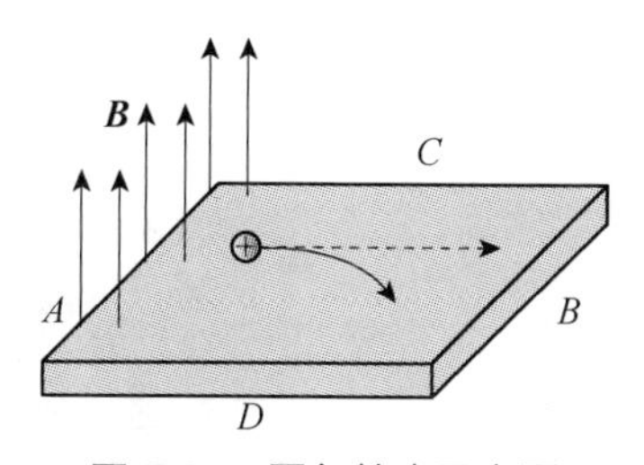

图 5-23　霍尔效应示意图

不同的材料，霍尔效应的强弱也不同。普通材料由于霍尔效应很弱，因而不易应用于实际之中。在半导体材料出现后，材料本身的霍尔效应比较强，同时在半导体材料上可以制作放大电路，因而近年来霍尔效应器件得到了广泛的应用。

2. 霍尔效应的应用

我们通过一个冷却电风扇（图 5-24），了解一下霍尔效应器件的性能。

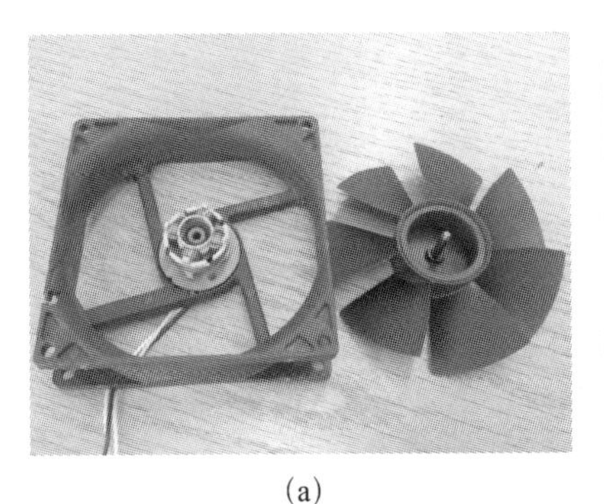

(a)

(b)

图 5-24　冷却电风扇（a）与电动机转子磁铁（b）

近年来，电子产品中使用的冷却电风扇多采用无电刷电动机，其转子是圆形的永久磁铁，与风扇连为一体。图中磁铁上吸了四根铁丝，它们显示的位置是磁极之间磁场梯度最大的地方。外接电源连接到无电刷电动机的定子，电能由定子电路板上如图 5-25 所示的集成电路转化成间断的脉冲，以此驱动电动机。

(a)

(b)

图 5-25　控制电路板、定子线圈和霍尔效应器件

定子上与转子磁铁直接相对的部件是四组线圈。集成电路生成的电脉冲送入这些线圈，用以对转子的磁铁产生变化的吸引力或排斥力，从而使转子转动。显然，对于给定的线圈，集成电路必须在正确的时刻提供电脉冲，才能使转子获得正确的吸引力或排斥力。而要确定正确的电脉冲时刻，集成电路必须能够测定转子的位置，也就是说，必须知道哪个磁极与哪个线圈相对。转子的位置是由定子上的一个霍尔效应器件测定的，图 5-25（b）中右边的黑色元件就是霍尔效应器件。

☞ **安全提示：**这里提醒读者，不要将拆开的电风扇重新组装使用。实验中在风扇上盖上一块玻璃或塑料板，以防手指或物体不慎碰到电风扇的扇叶。

我们通过一个简单的实验来观察霍尔效应器件的功能。将电风扇放在桌面上，如图 5-26 所示。将电风扇接到电源上使之转动，然后让一块小磁铁靠近风扇电机。可以发现，当磁铁靠近电机内霍尔效应器件的位置时，电动机的转动会出现异常，有时甚至会使电动机完全停止转动，进而进入自我保护状态。一旦电动机进入自我保护状态，必须将电源切断几秒钟，然后再接通电源，电动机才能重新转动。

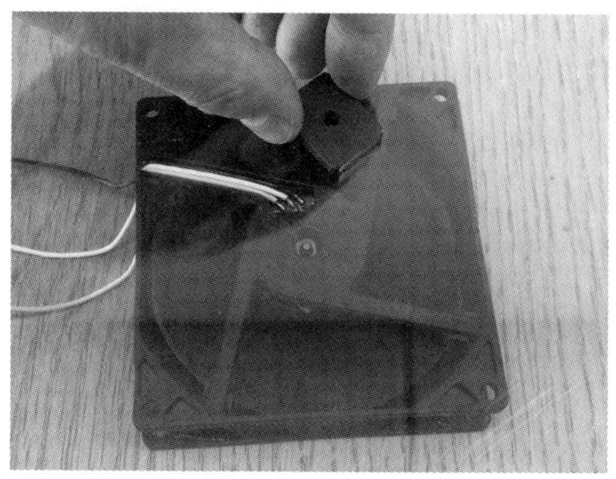

图 5-26　用磁铁干扰霍尔效应器件的实验

当外界的磁铁靠近霍尔效应器件时，器件测到一个错误的磁场强度，这使得集成电路送往定子线圈的脉冲相位出现偏差，造成转子的转动不平稳。当外界干扰的磁场强度太大时，霍尔效应器件的输出使得控制集成电路无法辨认转子是否转动，无法与风扇被异物卡死相区分，从而迫使集成电路进入并锁定自我保护状态。

扫一扫，观看相关实验视频。

第六章　白光分解的不同机制

白光是由许多不同波长的光组成的。我们通常说白光包含了红橙黄绿青蓝紫 7 种颜色，只是一种粗略的说法。白炽灯等高温物体所发出白光的光谱是连续的，也就是说，其中所包含光的频率（或在真空中的波长）几乎有无限多种。不同频率或波长的光看上去的颜色是不同的，因此我们可以说白光中包含了几乎无限种颜色。

严格地说，光的频率或波长与颜色是不同的概念。人类对颜色的感觉是由眼睛中含红、绿、蓝 3 种感光色素的视锥细胞不同的光谱敏感度带来的。对于不同波长的光，这三种细胞产生的信号强度的比例不同，这样人们获得的颜色感也不同，因此可以说，不同波长的光的颜色是不同的。而反过来，颜色的不同却未必是由波长不同引起的，比如，将两种波长的光混合，并改变这两种光的强度比例，也会看到颜色的改变，尽管这两种光本身的波长没有改变。

通常我们谈到白光的分解，往往是说把白光分解为不同颜色的光。在这里，颜色指的是波长。我们熟悉的白光分解现象中，包括棱镜折射、彩虹等。但这些只是白光分解现象中的一类，事实上，任何光学现象只要与光的波长有关，都可能带来白光分解现象。

本章中，通过几个实验，介绍几种不同的白光分解机制。

一、棱镜折射

光在介质中传播的速度比在真空中要慢，因而光线在通过介质的界面时会发生折射，改变传播方向。对于很多介质而言，光在其中传播的速度与光的波长有关，这种现象叫作色散。由于介质的色散，在其界面上，不同波长的光可能被折射到不同的方向。棱镜将白光分解就是基于介质的色散。

1. 棱镜的白光分解实验

用棱镜来分解白光，这是牛顿做过的一个非常经典的实验，大家在学校可能动手做过，不过棱镜在普通商店里很难买到。实际上，我们可以利用家里能找到的用品来做棱镜的白光分解实验。笔者做实验用的是如图 6-1 所示的棱边镜子。太阳光照射到镜子上，中心部位和四个棱边出现多个角度的反射。这些反射光有的仍然保持白光，而有的则将白光分解为彩色光，如图 6-2 所示。太阳光在镜子边缘部位的反射可以等效于通过一个棱镜，其光路如图 6-3 所示。光线以一定的角度通过空气与玻璃的界面时发生折射，而由于不同波长的光在玻璃中有不同的折射率，因而它们的折射角也会不同。

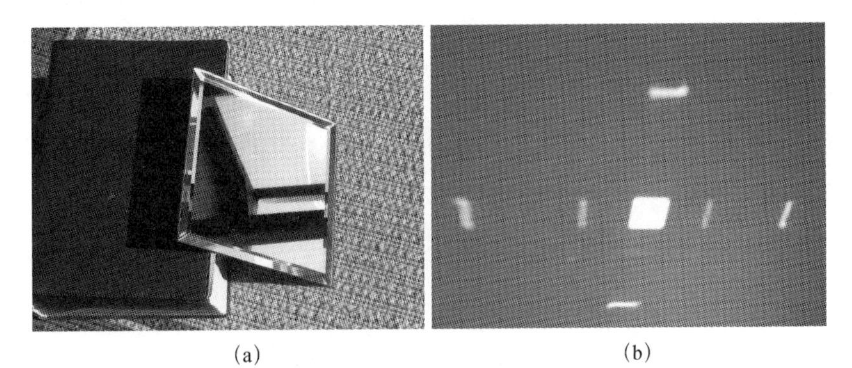

(a) (b)

图 6-1 棱边镜子（a）及其反射光（b）

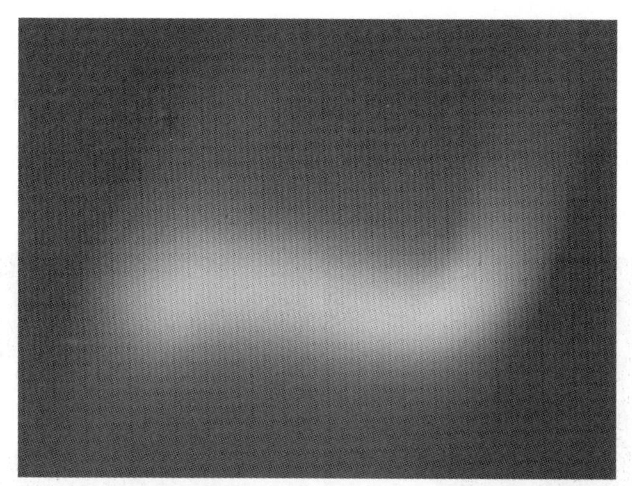

图 6-2　通过镜子的倾斜棱边反射光的色散（书末附彩图）

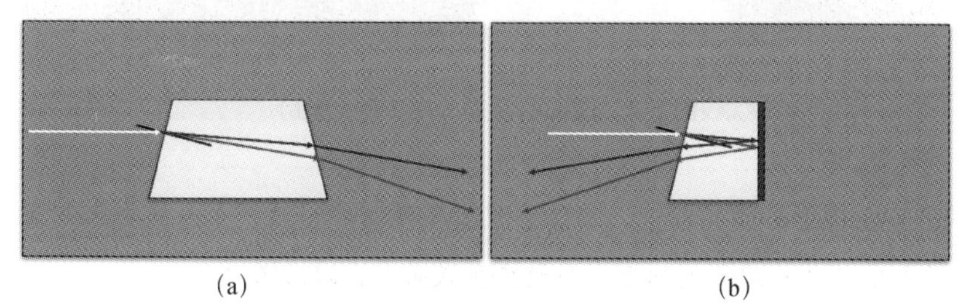

(a)　　　　　　(b)

图 6-3　光通过棱镜时折射（a）与反射（b）的光路

不过，如果光线所通过的是平板玻璃，比如镜子的中间部分，则光经过在两个界面的两次折射，不同波长的光线又恢复了原来的传播方向。也就是说，在玻璃的两个界面产生的白光分解现象从某种意义上互相抵消了。的确，当太阳光照进普通的窗户时，窗玻璃并不会把太阳光分解成彩色光。而如果光线所通过玻璃的两个界面互相不平行，则当不同波长的光透出时，折射角仍是不同的。这样经过较长的距离，不同波长的光就会在空间上分开。

2. 透镜的色差

由于玻璃的色散，用玻璃制成的透镜对于不同波长的光有不同的焦距。这样，透镜成像时就会产生色差，如图 6-4 所示，我们在亮暗的边界处可以看到过渡的彩色。为了看到明显的色差，透镜面应该相对于光线入射方向倾斜一个角度，投射到纸面上。在大于焦距与小于焦距的区域，我们可以看到不同的色散。

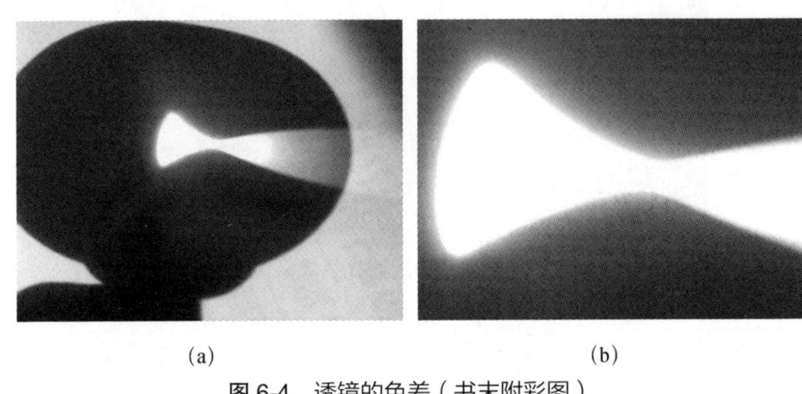

(a) (b)

图 6-4 透镜的色差（书末附彩图）

☞ **安全提示：**做实验时，应注意戴上墨镜保护眼睛。如果是在太阳光下做这个实验，应避免太阳光完全聚焦在纸面上，以防着火。

为了获得高质量的成像，光学系统设计专家往往会采用不同色散性质的玻璃制成多个透镜粘接在一起，以尽量抵消色差。

二、彩虹

很多书中都用棱镜的现象来解释彩虹，固然，它们都是源于色散，这是它们的共同点。不过，这种比拟容易使人产生误解，把生成彩虹的小水珠看成是棱镜，这是不对的。在这里，我们有必要细致地分析一下彩虹产生的原理。

笔者在一次雨后拍摄到的彩虹如图 6-5 所示。彩虹经常发生在雨过天晴之时，人们见到最多的是在东边下雨西边晴的傍晚。这时，太阳光从比较低的角度照到天空，照到悬浮在空气中的小水珠，正是这些小水珠组成我们看到的彩虹。我们先分析一下太阳照到一个小水珠上时光线是怎样发生折射和反射的，如图 6-6 所示。小水珠在空气中基本呈球形，无论它怎么翻过来滚过去，在空间中始终是个球形。在空间中，唯一特殊的方向是太阳光的照射方向。我们可以将太阳光看成是平行光，因而无论小水珠处在什么随机的空间位置，这个方向对所有小水珠而言都是固定的。照射到小水珠上不同部位的太阳光会经历不同的折射与反射路径。

图 6-5　雨后彩虹（书末附彩图）

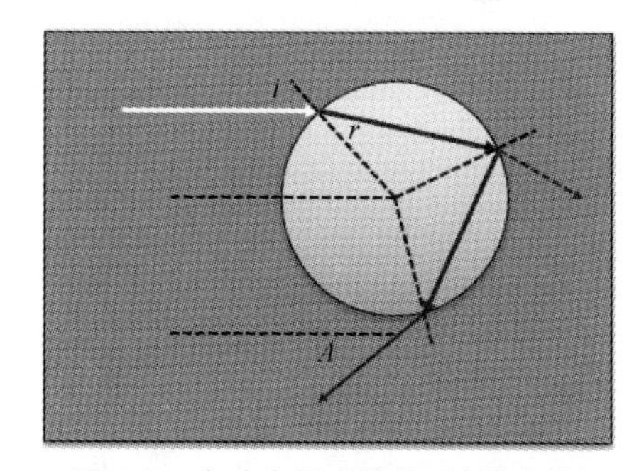

图 6-6　水珠内部光线的反射与折射

这点很好理解，由于前面图中入射角 i 角的不同，r 角自然也会不同，它们之间遵从折射定律：

$$\sin i = n \sin r \tag{6-1}$$

这里，n=1.33，是水的折射率。太阳光从空气进入水的时候，发生了第一次折射；光在水珠中继续前进，遇到水珠的后壁，这时，其中一部分光透射出水珠，而另一部分光反射回到水珠内——这个反射遵从反射定律，入射角等于反射角。

这里特别要提醒大家的是：光在这个点上的反射不是全反射。有的人在“反射”前面加“全”字，这是错误的。

经后壁反射后的光线继续前进，来到水珠的边界，透射到空气中一部分。

在这个界面，光线被第二次折射。最终，从水珠出射的光线与入射的太阳光之间呈现一个夹角 A。彩虹就是太阳光经过两次折射、一次反射到达我们眼中的。

不同波长的光在水中的折射率不同，为了清楚起见，我们把照到水珠上不同位置红色的光线，画出来如图 6-7 所示，由此能看出什么呢？首先看到的是，照射到不同位置的光线，其出射的角度 A 严格说是不一样的。不过，这些不同角度的光线并不任意发散，而是集中在某一个角度附近，这个角度在 42 度左右。同时，这些光线的出射角存在一个极大值，对于波长为 700 纳米的红光，水的折射率大约为 1.331，对应的出射角最大值约为 42.4 度。如果考虑可见光谱的另一端，对于波长为 400 纳米的紫光，水的折射率大约为 1.344，这时对应的出射角最大值约为 40.5 度，紫色光在水珠内的折射反射与红色光情况相似，只是对应的出射角不同。

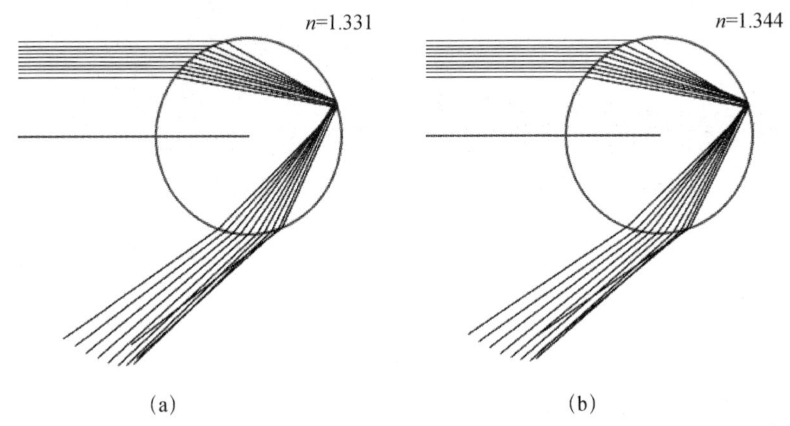

图 6-7　红光在水珠内的折射与反射（a），以及紫光在水珠内的折射与反射（b）

在图 6-8 中，我们将入射角 i 与出射角 A 的关系画出来，横坐标是入射角，而纵坐标是出射角。对于不同波长的光，我们用不同的颜色标注出来。可以看到，在大部分出射角，我们的曲线一划而过，而在 40～42 度附近，曲线集中堆积。这表示，大部分光能集中在 40～42 度附近。对于不同波长的光，折射率不同，对应于图 6-8 中不同颜色的曲线。由于折射率的微小不同，不同颜色的光堆积出的极大点也在不同的角度上。

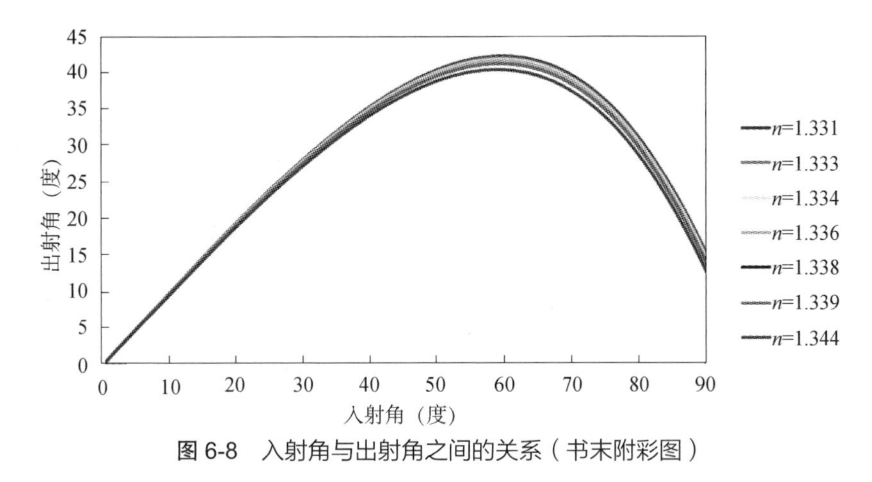

图 6-8　入射角与出射角之间的关系（书末附彩图）

这里澄清我们开始提到的容易混淆的概念。有的资料上说，水珠把太阳光像棱镜那样分成多种颜色，这种说法不算错，但容易引起误解。棱镜分解太阳光时，每种颜色只被折射到一个固定的角度，而对于水珠，我们已经看到，某种颜色的光会沿着 0～42 度的任意角度出来，只不过在 42 度附近亮度最大。

1. 彩虹为什么是圆弧形的？

当我们把一粒水珠在太阳光中逐渐移开，使得我们的视线和太阳光之间的夹角逐渐增加时，我们首先看到水珠是昏暗的。当夹角接近 40.5 度时，水珠变成明亮的紫色；继续增加这个角度，水珠的颜色逐渐向红色方向变化；等超过了可见光的范围，水珠又会变成昏暗的。

现在，让我们想象一下，假设天空中布满了水珠，这时只有一部分水珠会把太阳光折射反射再折射到我们的眼中，根据水珠与太阳光及我们眼睛的相对角度，每个水珠呈现出一种颜色。从图 6-9 可以看出，太阳光从左方照向右方。对于右边的水珠，凡是相对于观察者处于相同出射角，也就是说呈现相同颜色的，都处于同一个圆上（确切说是同一个锥面上）。这就是彩虹看上去是圆弧形的原因。换句话说，我们看到的彩虹是许多小水珠组成的，每个小水珠呈现不同的颜色，而不同颜色的小水珠排列在不同直径的同心圆上。

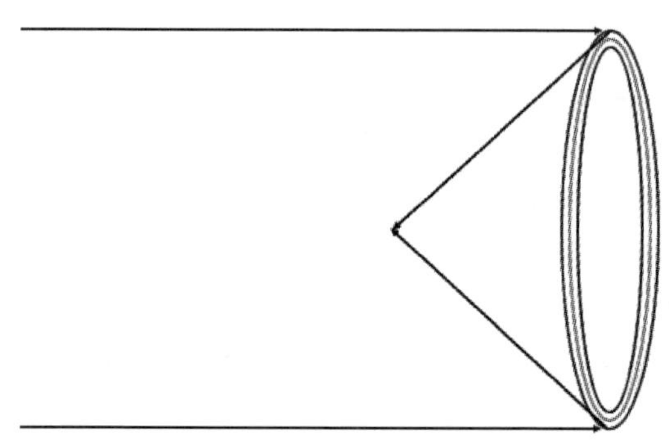

图 6-9　彩虹圆弧形状的产生原理（书末附彩图）

另外，从地面看天空中的彩虹，它只是圆的一部分，也就是说，是个弯弯的圆弧，但是如果我们站在梯子上，背对太阳喷洒水珠，则完全可以看到一个人工制造的完整圆形彩虹。

2. 霓与虹

我们经常把“霓”和“虹”这两个字连起来用，不过，霓与虹是两种不完全相同的色散现象。它们往往会在雨后同时出现，这里详细地讨论一下它们的异同。

我们前面谈到虹的光线路径是折射加一次反射再加折射。如果光线在第一次反射之后又经过第二次反射，情况又会怎样呢？在图 6-10 中，当水珠内的光经过第一次反射来到水与空气的界面时，一部分光会透射出去，我们看到虹就是在这里透射出去的光；而另一部分光会反射回水珠内部，遇到界面时，又会有一部分透射出来，一部分反射回去。这种在第三个界面透射出来的光就构成了霓。在许多小水珠当中经历了这种两次折射加两次反射的光，在空中也会形成一个圆弧形的彩色光环，也就是霓。水珠中的光每经过界面反射一次，强度都会降低一些，因为有一部分光透射到了水珠外面，能量损失了一些。因此，在相同的观看条件下，霓总是比虹要暗淡。

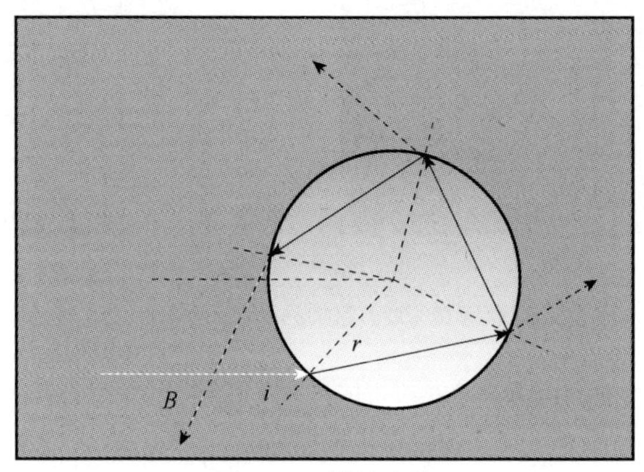

图 6-10　霓的光路

对于霓，由于光在水珠中多经历了一次反射，因而，光线在整个折射与反射的过程中总的偏转角大于 180 度。而对于虹，光线的总偏转角小于 180 度。直观地说，当我们站在地面上看天上的霓虹时，虹是太阳光照射到水珠的上半部，然后从下半部出来，送入我们眼睛的；而霓则是太阳光照射到水珠的下半部，然后从上半部出来的。在图 6-11 中，我们利用在太阳光下喷水生成了一组霓与虹，其中比较亮、半径比较小的是虹，比较暗、半径比较大的是霓。在雨后彩虹照片（图 6-5）中，虹的外圈也有一小段霓，霓的亮度通常比较低，我们将相应的部分适当放大，就可以比较清楚地看到霓了。

我们再看看霓与虹的颜色分布，两者正好是相反的。对于虹，红色在外圈；而对于霓，红色在内圈。红光相对于紫光而言在水中的折射率比较小，因此进入水珠时，因折射而产生的偏转比较小。于是，对于虹，红光的出射角 A 比较大，因此看上去是在外圈；而对于霓，红光的出射角 B 比较小，因此看上去是在内圈。

(a)

(b)

图 6-11　人工生成的虹与霓（a）与雨后产生的霓虹（b）（书末附彩图）

另外，当入射太阳光比较强的时候，我们还可以看出，虹的弧圈内部及霓的弧圈外部都相对比较亮，颜色是白色，霓虹两个圆弧之间的区域相对很暗。通过前面的分析可知，各种颜色的太阳光都会折射、反射到虹以内的区域，同样，各种颜色的太阳光也都会折射、反射到霓以外的区域，但不会出现在霓与虹之间的区域，这就是我们能看到二者之间的暗区的原因。由于霓的亮度比虹要暗，因而不一定每次出现虹的时候都能看到霓。不过在太阳光比较强、空中水珠数量比较多且背景云层比较暗的情况下，我们是完全可能看到比较完整的霓与虹的。

3. “佛光”

当太阳光照射到由微小的冰晶粒构成的云时，会产生一种非常有趣的色散现象，观察者会看到自己的影子投射到云层上，而在自己的影子周围环绕着一些彩色的光环。笔者某次乘坐飞机时拍到的景象如图 6-12 所示，可以看出云层上投射了飞机的影子，而影子由彩色的光环环绕着。从照片上可以看到大约三个光环，而由于人眼的动态范围比照相机要好，所以直接用肉眼观看时，可以看到的光环更多。

图 6-12　乘坐飞机时拍摄的景象（书末附彩图）

在峨眉山的山顶，有时也能看到类似的现象。通常是在山下充满云雾、太阳从高处照下时，游客可以看到自己的影子投射到云雾上，而自己的影子周围出现彩色的光环。由于峨眉山是著名的佛教圣地，而这种光环在其他地方相对少见，故人们将这种现象称为“佛光”。

“佛光”的一个奇妙的特性是，其光环是以观察者的影子为中心的，更确切地说，是以观察者头的影子为中心的。人左右走动，影子随之移动，而光环也跟着移动，始终罩着人影周围。更有趣的是，每个观察者看到的“佛光”都是以自己的影子为中心，而不是以别人的影子为中心的。

“佛光”现象与彩虹现象有些相似，它们都是一种色散现象。然而产生这两种现象的物体是不同的，彩虹是由球状的水珠产生的，“佛光”则是由冰的微小晶体产生的。它们之间一个最显著的差别是“大小”不同，也就是说，它们呈现的角直径是不同的。

很多朋友看到彩虹，往往情不自禁地掏出手机来拍照，但发现用手机很难拍下完整的彩虹。这是由于通常手机的照相镜头最宽的拍摄角大约是 60 度，而彩虹的角直径大约是 42 度的两倍，即 84 度左右。所以，要想拍下完整的彩虹，通常要用专业相机换上广角镜头，或者利用手机全景拍摄功能。而“佛光”的角直径就要小得多，其中，最亮最小的光环的张开角大约为 14 度，用普通的相机就可以完整地拍下来。事实上，我们甚至可以完整地拍摄到周围若干个比较大的光环。

三、全反射及其临界角的色散

当光从水中射向空气时，由于水的折射率（约 1.33）大于空气的折射率，所以光在空气中的折射角总是大于在水中的入射角。当水中的入射角增大到 48.7 度时，空气中的折射角刚好达到 90 度。如果继续增大水中的入射角，光就不再进入空气，而是完全反射回水中。这种现象叫作全反射。全反射开始发生的角度叫作临界角，水和空气界面的临界角是 48.7 度。

在这个实验中，我们观察几个全反射现象。

1. 全反射现象观测

在一个薄壁的玻璃容器中放适量的水，如图 6-13 所示，笔者用的是一个电热开水壶。等水静止后，从下向上看水的上表面，当视线和水面的法线（也就是铅垂线）的角度足够大时，可以看出，水面变得像镜子一样。这时，我们无法看到水面以上的景物，却可以清晰地看到水面所反射的在容器对面水面以下的物体。比如在图 6-13 中，我们可以看到放在水壶对面的玻璃杯和红色的塑料勺。这种全反射现象只会发生在折射率比较大的介质那一面，而不会发生在折射率比较小的那一面。比如，我们从鱼缸外总是可以看到鱼缸内的情景，在空气透过玻璃和水的界面上，在空气这一面是没有全反射的。但从水的这一边去看鱼缸的侧壁，就可以看到全反射现象。鱼缸的侧壁本来是透明的玻璃，但只要角度足够大，它就会像镜子一样反射光线。有机玻璃的折射率比水更大，因而可以在一个更宽的角度范围内看到全反射现象。如果可以找到有机玻璃长方体或立方体（如有机玻璃做的镇纸、玩具、艺术品等），就可以看到如图 6-14 所示的情景。如果我们把有机玻璃块拿在手上，随着角度不断改变，会看到玻璃块的内壁在透明和银光闪烁之间转换。

(a)

(b)

图 6-13　水面的全反射现象（a）与鱼缸侧壁的全反射（b）（书末附彩图）

图 6-14　有机玻璃内壁的全反射现象

2. 全反射的临界角

只有当光线和介质界面的法线（即垂直于界面的直线）之间的角度大于某一角度时，界面才会呈现全反射。这个角度叫作全反射的临界角。当光线角度小于临界角时，光线也会在界面上反射，只不过光的能量没有全部反射回来，一部分透到了另一介质中。我们在这个实验中观察临界角的一些性质。

3. 临界角现象观测

由于全反射现象要从水中朝着水与空气的界面观察，对于生活在空气中的我们来说多有不便，所以在水中放一面镜子，方便我们可以从水面外看到只有在水下才能观察到的现象。

在图 6-15 中，将深色的盆中装满水，再在水中放一面镜子。注意：镜面不能平行于水面，而是要倾斜一定角度。从镜子中可以看到一个弧形的分界线，在弧形之内，对应小于临界角的光线角度，没有全反射，因而可以看到水面以上的物体。而弧形之外，光线角度大于临界角，只能看到通过全反射的水下景物。用手指可以进一步标定相关位置，我们可以看到手指在水面上和水面下的相对位置。由于折射的原因，手指在水面上的图像显得很长。

(a)

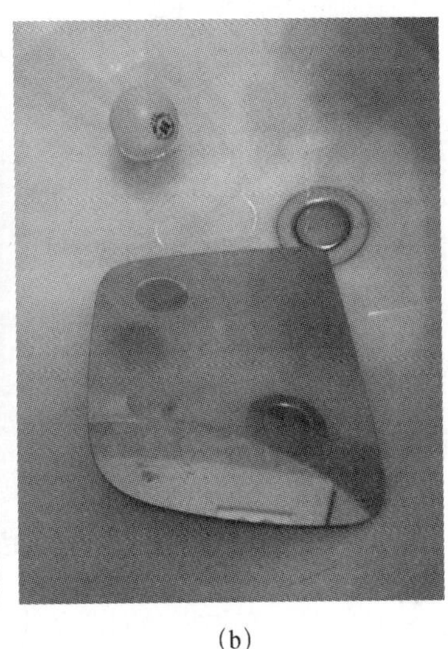

(b)

图 6-15　从水下观察到的全反射临界角

图 6-15（b）中，我们可以在三个位置看到乒乓球。最上面的是透过空气直接看到的，在镜子里的是从水下看到的，在中间那个位置看到的是乒乓球的水下部分。在最下面的位置上，我们看到半个乒乓球处在一个半圆弧上，这个半圆弧对应的是临界角，半个乒乓球是它浮在水面上的部分（注意乒乓球上商标的位置）。沿着这个半圆弧，可以看到水面所反射的洗脸池出水口。当光线角度大于临界角时，水面的反射是全反射，所以上部的半个出水口很清晰。另外，半个出水口处在全反射的角度范围外，反射光有损失，加上水面以上的背景光干扰，所以不是很清晰。

4. 全反射临界角的色散

在图 6-16 中，临界角内外的不同就更加明显。我们可以在半圆弧内看到夹在水盆边缘上的夹子，而在半圆弧之外，只能通过全反射看到水下的物体。

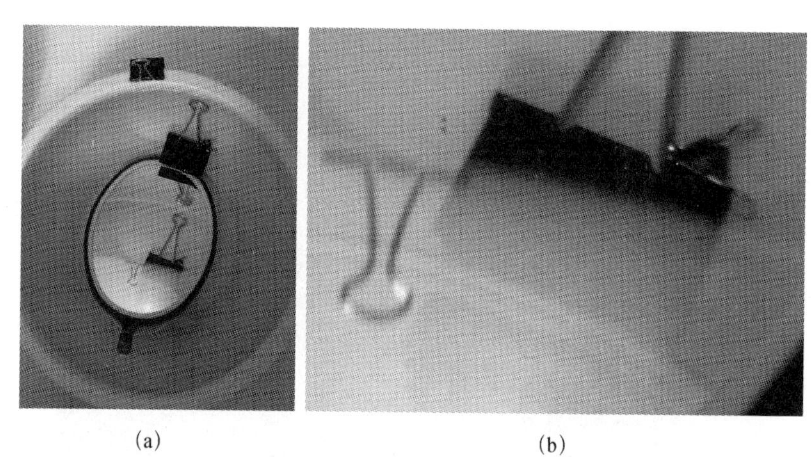

(a)　　　　　　(b)

图 6-16　临界角的色散（书末附彩图）

值得注意的是，在临界角对应的半圆弧穿过黑色铁夹子的地方，可以看到彩色的边缘。这是不同颜色的光在水中的速度不同带来的色散现象。不同颜色的光在水和空气界面的折射率不同，而临界角的大小是由折射率决定的，因此不同颜色的光的临界角也不同。于是在不同的角度，不同颜色光的亮度也不同，这样就形成了彩色的边缘。

我们再做一个相对复杂一点的实验。如图 6-17 所示，我们可以“看穿”鱼缸的两个成 90 度夹角的外壁。这种“看穿”的必要条件是介质的折射率必须小于 1.414，水的折射率为 1.33，因此它和空气界面的临界角（48.7 度）大于 45 度，这样就存在一个角度使得光线在两个外壁都不是全反射，从而允许光线透入一个外壁再透出另一个外壁。

图 6-17　多种介质的色散对临界角的影响（书末附彩图）

我们注意到这个透光的区域是半圆形的，它的边缘存在多个彩色的弧形。由于鱼缸的外壁是玻璃的，因此光线透过来时要经过空气与玻璃、玻璃与水、水与玻璃、玻璃与空气共四个界面，因而会产生比较复杂的色散现象。

四、光栅的衍射与干涉现象

衍射与干涉现象与光的波长紧密相关，因此，利用衍射与干涉现象是白光分解的重要手段。在这类白光分解的光学元件之中，光栅是效果最理想的一种。

1. 简单的光栅分光实验

这里介绍笔者做过的一个实验，实验装置非常简单，如图 6-18 所示，在手机的摄像头前蒙上一个光栅片。

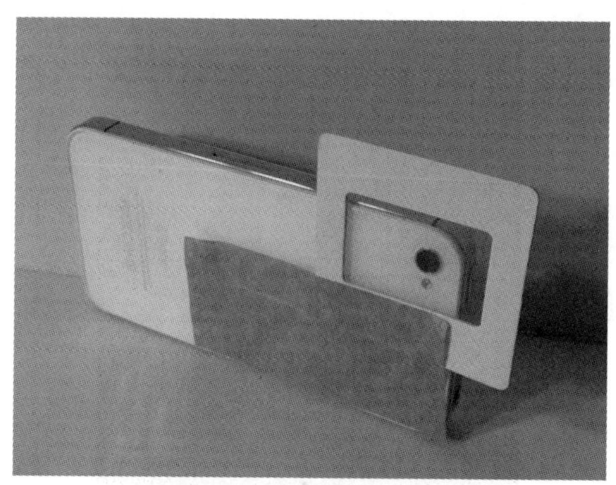

图 6-18　光栅与手机摄像头

注意：这里光栅的条纹是沿着上下方向的，这种情况下，光谱是沿着水平方向展开的，从而可以充分利用照片横向比较大的拍摄角。使用蒙了光栅的手机拍摄一盏节能灯，可以得到如图 6-19（a）所示的照片。节能灯所发出的光看上去是白色的，实际上却是由若干不同波长的光组成的。通过这张照片，我们可以把一个灯直观地看成是由多个不同颜色的灯叠合而成的。照片中蓝绿部分的几个灯对应于我们在通常光谱分析中可以看到的若干谱线，而在从黄到红的区域，灯的图像相对不那么清晰分明。这是由于在这一段波长中存在连续的光谱。

我们使用的光栅是每毫米 1000 线的，因此其线间距为 1 微米。对于波长为 0.4～0.8 微米的可见光，干涉的第一级极大在 23～53 度。因此在拍摄时，完全可以转动镜头方向，使得照片中只包含分解的光谱，而不直接拍摄到灯。如果灯本身进入照片，往往会影响到光谱部分的曝光度。除了第一级极大，光栅还可以产生第二级乃至更高级的极大。从图 6-19（b）中我们可以看到整个可见光谱的第一级极大与一部分光的第二级极大。对于每毫米 1000 线的光栅，由于线间距比较细，因而最多只能产生 0.5 微米波长光的第二级极大。通常手机最宽的拍摄角大约是 60 度，当让衍射光的出射角处于 20～80 度时，可以拍摄到光谱中第一级大部及第二级中 490 纳米以下的部分，在这种情况下我们可以拍摄到深绿色的谱线。

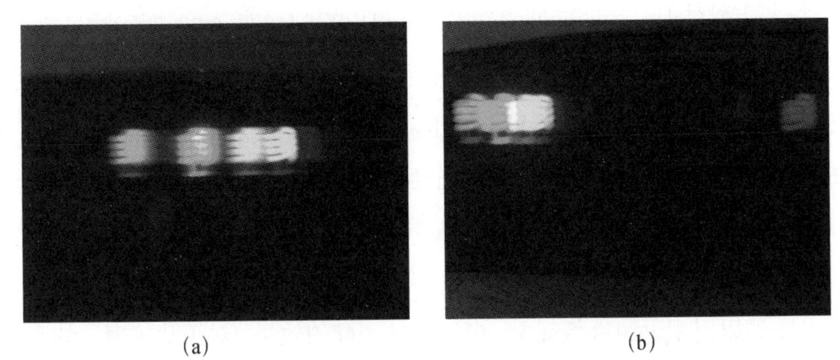

(a)　(b)

图 6-19　光栅衍射干涉产生的分光现象，以及光栅衍射干涉的第一与第二级极大（书末附彩图）

2. 窗纱产生的衍射与干涉效应

很多人可能会有这样的误解，觉得只有使用专业的光学元件才能看到衍射与干涉这类精密的光学现象。诚然，光的波长非常短，可见光的波长在 0.4～0.8 微米量级，要获得显著的衍射干涉现象，物体结构的尺寸也应该在这样一个量级。不过，光波遇到任何尺寸的物体都会出现衍射与干涉效应，利用适当的方法，我们同样可以看到。

在这里，介绍一个由纱窗的网格结构所产生的衍射与干涉现象。当平行光垂直入射到光栅，第 n 级干涉极大的出射角 θ 可以由下式计算：

$$n\lambda = d\sin\theta \tag{6-2}$$

当 θ 很小时，上式可以简化为

$$n\lambda = d\theta \tag{6-3}$$

纱窗网格间距 1.5～2 毫米，即使对于波长比较长（0.65 微米）的红光，其干涉极大之间的夹角，仅为 0.0004 弧度量级。这个夹角已经接近人眼角分辨率的极限（约 0.0003 弧度，相当于从 1 米距离观察 0.3 毫米大小的物体）。因而，

要想观察窗纱造成的衍射干涉现象，必须设法将小角度放大。放大角度的方法很多，最常使用到的一种光学仪器是照相机，在夜间，将照相机镜头的焦长（放大倍数）调到最大，拍摄远处的灯光，就可以看到如图 6-20 所示的景象。照片（a）是在镜头前没有任何障碍物的情况下拍摄的，除了远处的景物显得比较近外，我们看不出有什么特别。但如果在镜头前挡上一片窗纱，就会看到光源的周围出现了光芒。窗纱相当于两个互相垂直叠合的光栅，或者说是一个二维光栅。我们看到的十字形的光芒就是光通过二维光栅衍射干涉的结果。这两张照片是用照相机直接拍摄的，拍摄时将镜头的焦长拉到最大，作用是将小角度放大，如果用望远镜直接观看，也能看到一样的效果。对于蒙了窗纱的照片，有人可能会误以为照片上光芒显示的一段段亮暗间隔是窗纱遮挡出来的。如果暗的部分真的是窗纱遮挡造成的，则这些明亮线段在望远镜或照片上的长短应该与观察者到纱窗的距离有关，而我们在实验中可以发现，这些线段的长短与距离基本无关。此外，如果我们用尺子测量一下照片上的线段，会发现它们的长度并不相同，越靠光芒的外端，线段越长。这告诉我们，这些线段不是窗纱遮挡出来的。实际上，每一个明亮线段都是干涉形成的极大，仔细观察可以看出这些明亮线段是彩色的，正如我们前面谈到的，极大出现的角度与波长有关。

(a)

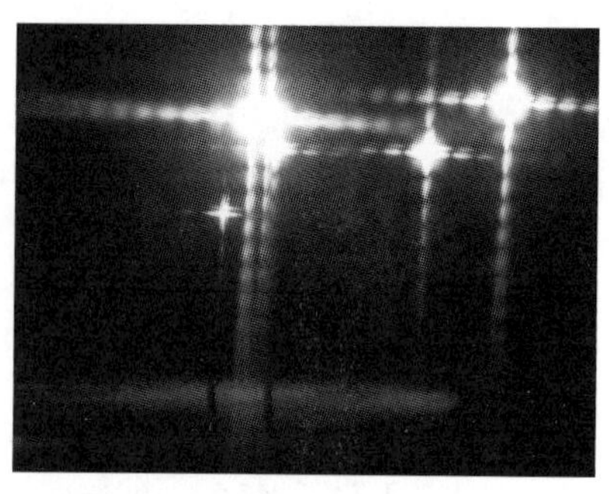

(b)

图 6-20　拍摄的夜间远处的路灯（a），以及照相机透过窗纱拍摄到的现象（b）（书末附彩图）

摄影爱好者往往喜欢拍摄城市的夜景，不过，璀璨的城市灯光在照片上往往只是一堆光点，缺少变化。大家以后拍摄夜景时，不妨准备几片窗纱，试试用窗纱生成不同形态的光芒。最好能找到疏密程度不同的几种窗纱，这样可以得到不同的干涉极大间距；还可以将小片窗纱的经纬线拉扯歪斜，这样可以得到不同的光芒角度。这样一种简单廉价的器材，完全有可能帮助你拍摄出更有感染力的作品。

五、薄膜上的干涉

前面谈到过，任何光学现象只要与光的波长有关，都可能带来白光分解现象。当光线照射到一个薄膜的表面时，在其上表面和下表面会分别发生反射，这两束反射光互相之间产生干涉，而这种干涉效应也和波长有关。因此，在白光下观看薄膜的反射光，往往会看到彩色的干涉条纹。

1. 肥皂膜上出现的彩色条纹

在图 6-21 中，我们看到的是一个肥皂膜实验中出现的彩色条纹。肥皂膜形成后，在重力的作用下，逐渐变得下边厚上边薄。光在肥皂膜两个距离很近的界面反射，两束反射光互相干涉，从而出现彩色的条纹。

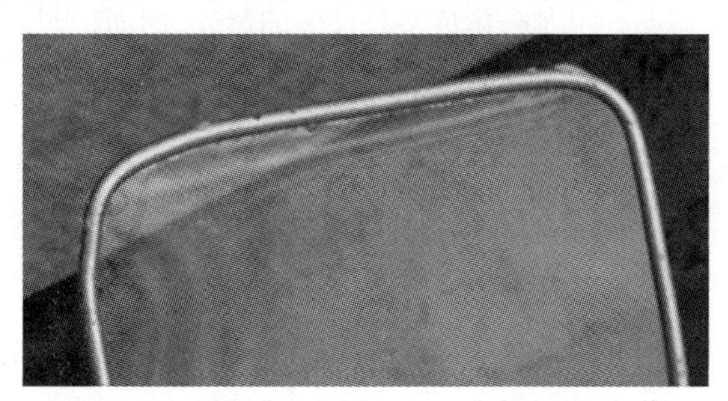

图 6-21　肥皂膜上的彩色条纹（书末附彩图）

2. 油膜上出现的彩色条纹

事实上，在很多生活中见到的薄膜（如下雨后洒在水面上的油膜等）上面，我们也经常可以看到类似的彩色条纹，如图 6-22 所示。油洒在水面上之后，逐渐摊开成为薄膜。如果在油摊开的同时，水缓慢地流动，则不同部位的油膜的厚度会有所不同。这样，油膜上下表面反射光干涉时，在不同的部位，会对不同波长的光加强或抵消，从而在不同的部位呈现不同的颜色。

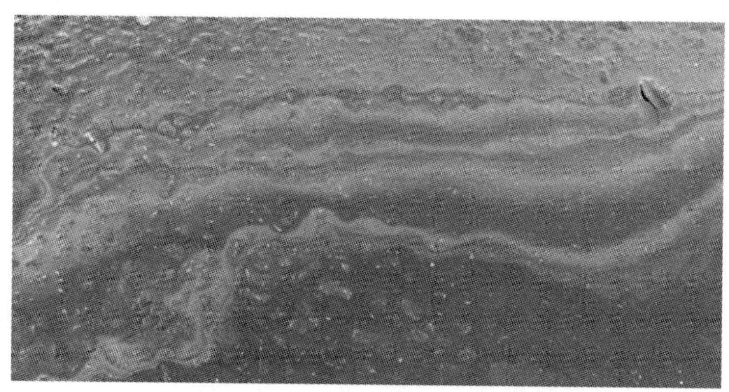

图 6-22　油膜上的彩色条纹（书末附彩图）

六、光弹性

白光可以通过多种机制分解成多种波长的色光，因而，当我们看到一个“出彩”的现象时，往往容易混淆。我们这里分析一个实际的例子，如图 6-23 所示。找一个存放光盘的盒子，在晴天的时候拿到户外，让盒子的表面反射蓝天，就会看到彩色的晕光。这个彩色晕光从外观上看有点像油膜因干涉产生的颜色，但实际上不是。如果我们仔细观察，会发现只有在晴天的时候才能看见盒子上的晕光，而在阴天或台灯这样的光源底下，则看不到这种彩色。因此，这种色彩产生的原因不会是薄膜上下两面反光产生的干涉，而一定是基于其他的机制。塑料盒子上的色彩是由于盒子制作时塑料在模压冷却过程中残留下的应力，产生双折射。在偏振光透射反射中，不同波长的光在不同区域叠加或抵消，从而形成不同的色彩。我们后面逐一讨论这几个方面的问题。

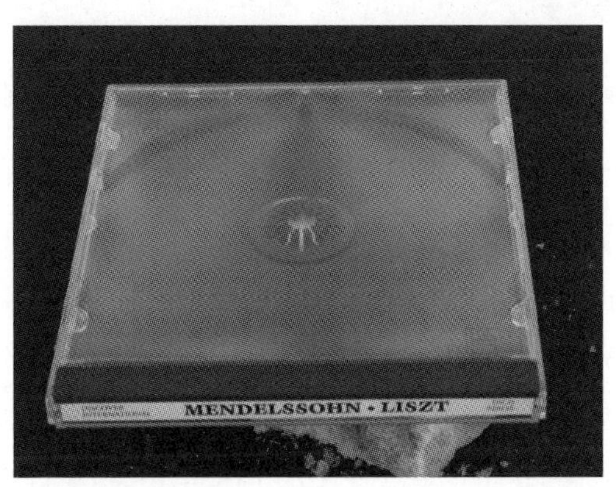

图 6-23　硬塑料盒子反射天空产生的彩色光晕（书末附彩图）

1. 偏振光的几个有关现象

自然界里的光有一些本身就是偏振的，比如当太阳光穿过大气层的时候，遇到空气的分子会发生散射。对于波长比较短的光，这种散射相对比较强，因此我们看到的天空是蓝色的。同时在清晨和傍晚，太阳光需要在大气中穿过比较长的距离才能到达我们的眼睛，太阳光谱中波长比较短的蓝色、紫色等被散射掉了，因此我们看到的太阳光是红色的。而这种空气造成的散射光有一个重要的性质，就是这种散射光是部分偏振的。事实上，当观察方向与太阳光方向垂直时，散射光是完全偏振的。由于蓝天的散射光是偏振的，我们可以利用这个性质获得各种不同表现方式的摄影作品，如图 6-24 所示。图 6-24（a）是直接拍摄的，蓝天和白云的亮度都比较高，只有极其细微的颜色差别，对比度很低。图 6-24（b）是通过一个偏振片拍摄的。由于散射光的偏振方向是沿着上下方向的，所以只要将偏振片的偏振方向调成水平的，就可以将蓝天的散射光大大减弱。这样就把白云与蓝天的对比度提高很多，使得照片中的白云变得非常清晰。

(a) (b)

图 6-24 直接拍摄的天空（a）与通过偏振片拍摄的天空（b）

另一种生成或检测偏振光的机制是介质表面的反射，如图 6-25 所示。图 6-25（a）是直接拍摄的，可以看到水的表面有很强的反光，盘子底上的图案受到反光的干扰无法看清楚。图 6-25（b）是透过一个偏振片拍摄的，可以看出水面反射的光减弱了很多。水面反光时，水平偏振方向的分量可以比较好地反射，垂直方向的光分量则减少很多。因此，在反射角合适的时候，水面的反光是沿着水平方向偏振的。拍摄时，镜头前偏振片的偏振方向沿着垂直方向，就可以挡住水面的反射光。利用偏振片，可以减少水面、橱窗、镜框玻璃等表面的反光干扰，从而清晰地拍摄到水下或玻璃后面的物体。这是每一个摄影爱好者都应该学会的一个重要拍摄技巧。光波在两种透明介质的界面反射时，一般情况下，反射光中水平与垂直的偏振分量都有，二者的比例随着入射角的不同会有所不同。当入射角达到一个特殊数值，即布儒斯特角时，垂直分量完全消失。布儒斯特角 θ_B 与界面两边介质折射率 n_1 和 n_2 的关系为

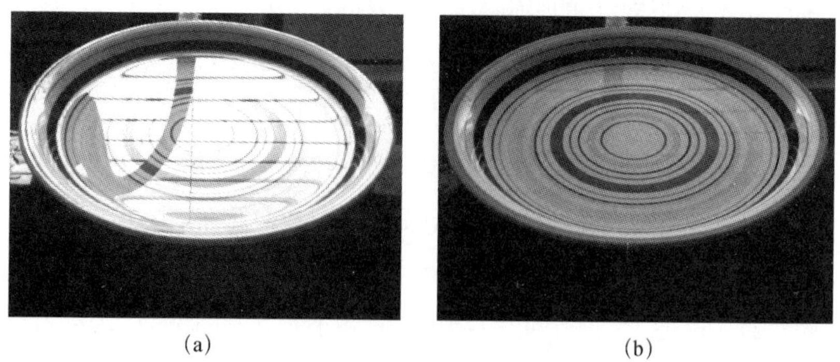

(a) (b)

图 6-25 直接拍摄的水面反射光（a）与通过偏振片拍摄的水面（b）

$$\tan\theta_B = n_2 / n_1 \tag{6-4}$$

对于水与空气的界面，n_2=1.33，n_1=1。由此可以算出，布儒斯特角大约为 53 度。对于玻璃，折射率大约为 1.5，对应的布儒斯特角大约为 56 度。在图 6-26 中，我们拍摄了在一个光滑的石头台面上所反射的两盏灯。图 6-26（a）是直接拍摄的，图 6-26（b）拍摄时加了垂直方向的偏振片。可以看出，由于两盏灯的反射角不同，反射光中垂直分量的比例也不同，因此两盏灯在图 6-26（b）的亮度也不相同。事实上，光滑的石头台面近似于玻璃的表面，也有一个布儒斯特角。如果拍摄时让入射角（等于反射角）正好达到布儒斯特角，则可以将反射光完全消除。

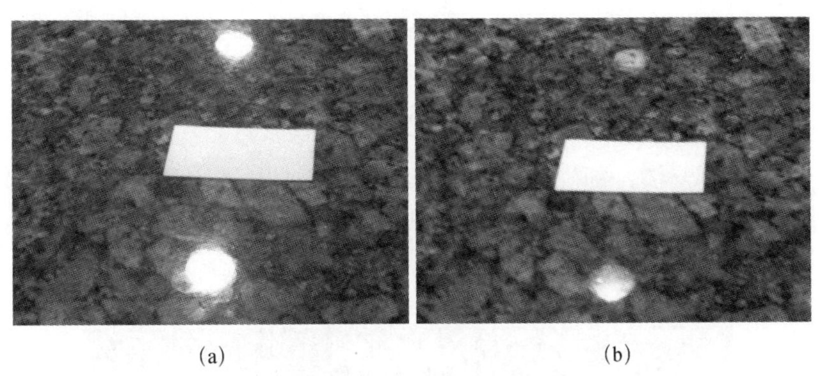

(a)　　(b)

图 6-26　光滑石头台面的偏振特性及布儒斯特角

2. 光弹性现象及其应用

有些各向异性的物质对于偏振光产生多种效应，而这些效应又与波长有关，这样就会产生一种新的分光现象。

各向同性物质指的是物质的性质不因方向而有差异。比如，无论光的传播方向或偏振方向指向哪里，它的传播速度都不变。各向同性物质包括各种流体及玻璃等。而各向异性物质，其物理性质在不同的方向上是不同的，各种晶体都是各向异性物质。在有些各向异性介质中，不同偏振方向的光传播速度不同，对应不同的折射率。因此，这样的介质，如方解石，往往被称为双折射介质。有些物质本来是各向同性的，如有机玻璃，但是在外力作用下，也可以呈现各向异性，如图 6-27 所示。计算机平板显示屏发出的光是偏振的，因为显示屏是由两层偏振片夹着一层液晶物质构成的。当在照相机镜头前放一个偏振片，并且把它的偏振方向与显示屏的偏振方向调成相互垂直时，就可以把显示屏发出的光几乎完全挡住。把一块有机玻璃放到显示屏前面，由于有机玻璃在正常情况下是各向同性的，因此，透过有机玻璃看到的屏幕仍然是黑的。可是，当我们对有机玻璃施加一个比较大的外力，由此引起有机玻璃内部出现应力，在内部应力的作用下，有机玻璃的某些区域就会呈现出各向异性。偏振光经过这些区域时，偏振方向就可能改变，不再与镜头前的偏振片的方向垂直，这些区域在照片上就显得比其他区域更亮。这种现象称为光弹性现象。利用这种现象，我们可以直观地看到弹性物体内部的应力分布情况。人们甚至可以在设计各种承重结构（如高楼、桥梁、屋顶、体育场等）的时候，将计划使用的结构做成模型，加上适当的载荷，观察其中的应力。这种方法在过去计算机仿真不够普及的情况下尤其重要。

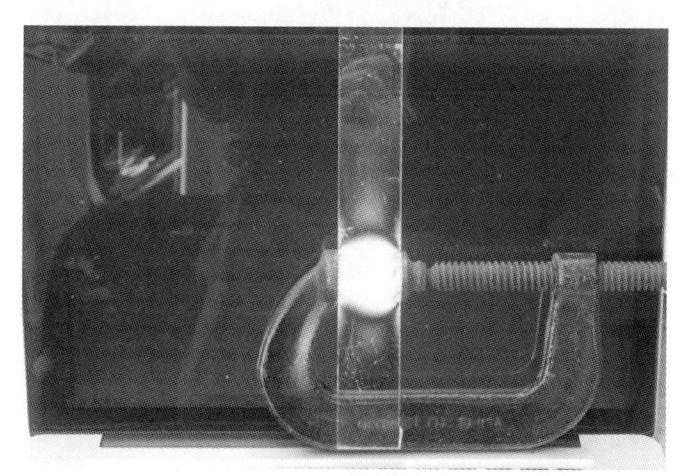

图 6-27　有机玻璃在外力作用下呈现的各向异性

各向异性引起的偏振方向变化与光波的波长有关，因此，当塑料内部应力比较大时，我们能够看到如图 6-28 所示的分光现象。类似光盘盒这样的硬塑料制品，通常是将塑料加热后注入模具中制成。塑料制品成形后，在冷却过程中各个部分的冷却速度不同，由此形成很大的内部应力。

图 6-28　硬塑料制品内部应力引起的各向异性（书末附彩图）

为了获得这种应力的直观印象，建议读者找一个废旧的光盘盒，试着在上面做钻孔或切割加工。大家会发现，加工时，盒子很容易裂口或破碎，这是由于切割时打破了原有的内部应力平衡，从而使一些部位的应力超过了材料的破坏极限。我们可以通过用偏振光照射看到其内部应力的情况，一般来讲，在颜色变化比较丰富、斑纹比较密集的区域，内部的应力也比较大。

现在，我们回到开始时塑料盒子上反射蓝天散射光时看到的彩色光晕，如图 6-29 所示。这是由多个效应组合而成的：①蓝天的散射光是部分偏振的；②塑料盒子内部的应力造成一些区域的各向异性；③偏振光透过塑料各向异性区域，在塑料的底面反射，塑料底面对偏振光的不同偏振方向的反射率不同。这一系列的效应，天然地构成了一个光弹性实验。

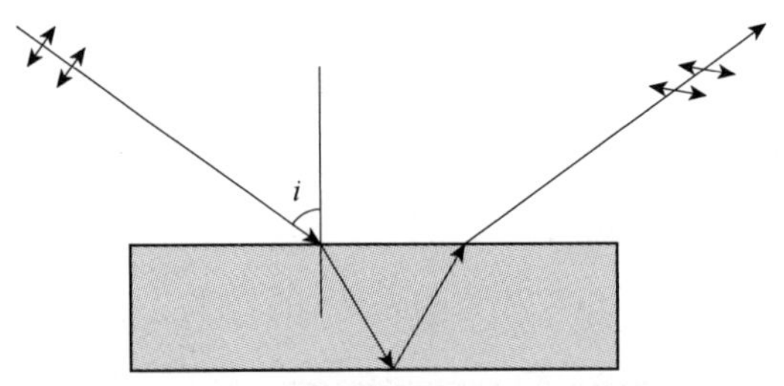

图 6-29　塑料盒子反射蓝天的光路

了解这个现象的原理之后，可以进一步尝试如何让彩色光晕更加清晰，也就是说，设法提高彩色光晕的对比度。

不难想象，天空的光除了在塑料板下表面会反射以外，在上表面同样会反射。上表面的反射光造成干扰，降低了彩色光晕的对比度。因而，我们应该设法使塑料的上表面上的反射光尽量少。为此，首先应该从蓝天的散射光中尽量选取比较纯的线偏振光，这就要求我们将塑料板尽可能对着与太阳光方向垂直的方向。

此外，我们应该通过调整塑料板取向或改变观察位置，使得入射角尽量接近布儒斯特角，这样就可以尽量挡住入射光中垂直方向上的偏振分量。

扫一扫，观看相关实验视频。

第七章　从空谷回声到超声探测

医学超声检查现在已经获得了广泛的应用。医生利用超声波可以在设备不进入患者体内的情况下，看到各个器官的形态及其工作状况，以此作为医学诊断的参考依据。超声探测方法还被用来探测隐藏在金属材料（如钢轨、飞机构件等）内部的损伤与裂隙等，以此发现隐患，预防事故。

空谷回声可以说是所有超声探测与成像技术的起点。有一首歌里有一句歌词是“回声啊你在哪里”，其实回声本身就在你耳边，我们真正想问在哪里的，是将声音反射回来造成回声的物体，如图 7-1 所示的高山。我们对着山谷对面的大山高喊一声，过一会儿就能听到反射回来的声音。如果对面不只一座山，我们还可能听到多个回声。可以想象，如果是在黑夜里，我们甚至可以根据这些回声大致判断出这些山所在的位置。

图 7-1　可以产生回声的障碍物

一、回声法测定声速

这里首先介绍一个用回声法测定声速的简单实验。在我们的印象中，测定声速好像需要让声音在户外比较远的距离上传播，而我们这个实验却是在室内比较近的距离上做的。这种在短距离上测定声速的方法不仅操作起来方便，而且在室内环境下，更容易测量乃至控制声波传播路径上空气的温度。有兴趣的读者可以在不同的空气温度下重复这个实验，从而研究不同温度下的声速。

1. 实验器材与安全提示

我们希望在较短的距离上测定声速，那么这个实验应该怎样设计呢？首先，由于距离变短了，声音在这段距离上传播的时间也相应短了，不难算出，声音传播 1 米大约需要 3 毫秒，因而，像在室外实验中那样用秒表来测定时间已经不可行了，必须找到一种可以测定毫秒量级时间的方法。笔者选择的时间测量装置是在一部退役智能手机上下载安装了一个示波器 APP。如果不易找到合适的退役手机和 APP，也可以使用学校实验室中比较传统的装备，如示波器与话筒。选好了毫秒量级的时间测量装备仅仅是解决了一半问题，我们还必须找到合适的声源。由于声音传播的时间短了，相应地，我们也必须选择一个能够产生强烈而短促声音脉冲的声源。如果声源发出的声音持续时间太长，则声源的声波与反射声波会互相叠合，使得我们在示波器上无法辨认回波，从而测量时间。笔者用的声源是一个高压电蚊虫拍，其放电时产生的激波非常短促。将高压电蚊虫拍绑在一把软包椅子上，使用软椅子是为了减少椅子的声反射，椅子和被测物体（如墙面）之间的距离可以任意调整。在退役智能手机上下载安装示波器 APP，整个实验装置如图 7-2 所示。

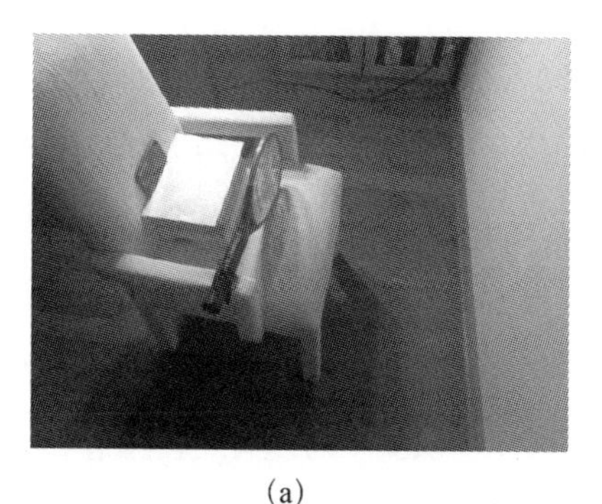
(a)

(b)

图 7-2　测定声速的实验装置（a）与实验装置细节（b）

注意布置实验装置时，要让高压电蚊虫拍面垂直，而手机的位置应尽量在电蚊虫拍面的轴线上。这样，电蚊虫拍电火花的声音在反射回手机时受到的影响相对比较小。

☞ **安全提示：** 做这个实验时必须有成年人在旁边监护。实验时绝对不可以直接用手或手持金属等导体碰触高压电蚊虫拍的任何金属部分，以免发生触电事故。在任何情况下，绝对不可以独自进行任何有人身危险的实验。

2. 实验过程

做实验的时候，将高压电蚊虫拍充满电，按下高压生成按钮，使得金属内外网之间存在一个高压。用带绝缘把的螺丝刀将金属内外网短路，打一个强烈的电火花。电火花产生一个响亮而短促的声音，这个声音一部分直接到达手机示波器，另一部分传播出去，遇到墙或其他物体反射回来，在较晚的时刻到达示波器。这样，我们就能在示波器上看到发射波和回波，根据两者之间的时间差，就能计算出反射体到高压电蚊虫拍之间的距离。

我们将椅子挪到离墙比较近的位置，使高压电蚊虫拍到墙的间隔为 68 厘米左右。空气中的声速大约为 340 米/秒，这样发射波与第一个回波之间的时间差约为 4 毫秒，示波器上的显示如图 7-3 所示。图中，最靠左边的尖峰是电火花所发出的声音直接到达手机时测到的信号，而箭头所指示的尖峰是声音从墙面上反射回来的回声信号。示波器水平方向上的标度为每格 2 毫秒，在直达声脉冲之后 2 格处看到回波，因此回波与直达脉冲之间的时间差为 4 毫秒。当高压电蚊虫拍到墙的间隔为 102 厘米左右时，发射波与第一个回波之间的时间差约为 6 毫秒，示波器上的显示如图 7-4 所示。从图中可以看到，除了最早到达的反射波外，还有声音在其他物体上反射的回声所产生的尖峰。这些物体相对比较远，因而到达的时刻也相对比较晚。当高压电蚊虫拍到墙的间隔为 136 厘米左右时，发射波与第一个回波之间的时间差约为 8 毫秒。

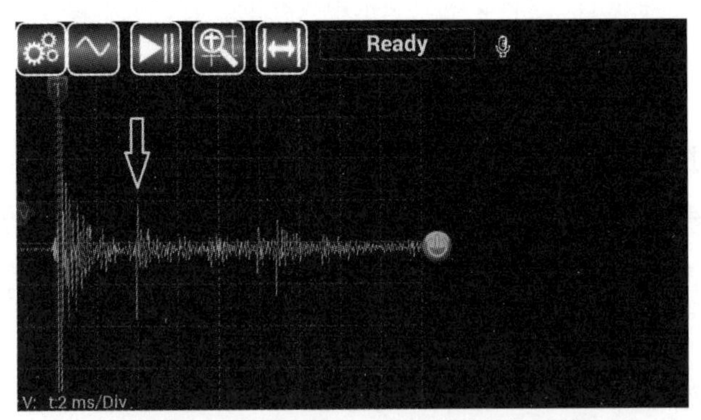

图 7-3　手机示波器上在 4 毫秒处的回波

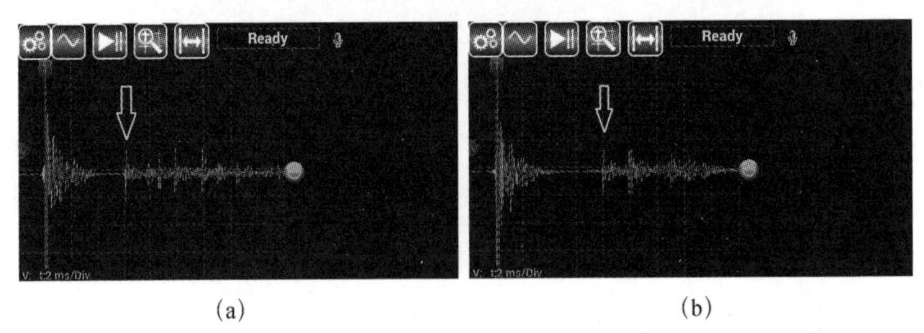

图 7-4　手机示波器上在 6 毫秒处（a）和 8 毫秒处（b）的回波

在这个实验中，我们有时会看到周围其他墙面产生的回波，有时还可能出现声波在多个墙面之间往返多次的反射波。当然，只要我们选择的墙面处于离实验装置最近的地方，则这个墙面回波的到达时间就一定是最早的。其他墙面的反射波的到达时间比较晚，而且相对幅度比较低，从示波器上可以比较清楚地分辨出来。

这里特别提示一下，实验中的示波器一定要开启触发功能。因为我们的电火花是一个单次的短促脉冲，因此必须用示波器“抓住”这个短促脉冲及脉冲之后的回波，并且静止地显示在屏幕上。实验室用到的数字示波器都能实现这个功能，只不过在正式实验之前需要仔细练习一下，将示波器的触发功能的各种选项调整到理想的状态。

在智能手机的示波器 APP 中，有很多是没有设计触发功能的。这种“示波器”用来显示连续的声波尚可接受，但对于需要显示单次脉冲的实验则不合适。读者在 APP 应用商店挑选时，应该仔细阅读说明。有时往往需要下载安装多个 APP，经过试用，再将不符合要求的删除。由此可见，在有条件的情况下，直接使用专业的示波器可能更简单方便。

二、医学超声检测的基本原理

用超声波探测人体内的器官，与我们用回声探测高山几乎是完全相同的方式，只不过我们是用超声换能器激情高喊，所发出机械波的频率在 1～18 兆赫兹，远超过人耳可以听到的频率。超声波在人体器官边界产生的回波，也是由换能器转换回电信号，然后显示在示波器屏幕上。

1. 有没有 A 超？

大家都知道医院里有 B 超检查。为什么这种检查方法叫作 B 超呢？难道还有别的检查方法叫作 A 超吗？这要从雷达技术谈起。

空谷回声是机械波，利用回波原理较早开发出来的探测技术却不是使用机械波，而是使用电磁波的雷达技术。因此，超声探测技术中有不少从雷达技术中借用的术语，比如探测与显示模式中的 A 模式、B 模式、C 模式等，此外，还有 M 模式、多普勒、脉冲反向、谐波等模式，有兴趣的读者可以查阅相关资料。不过，医院中最常用的还是 A 模式和 B 模式两种。大家习惯上使用“B 超”这个词来与使用 A 模式的超声检查方法相区别，而很少听到“A 超”这个词。

超声探测方法中的 A 模式，可以用图 7-5 来说明。首先，超声换能器对着被探测物体发出一个短脉冲，如图 7-5（a）所示，这就像我们对着山大吼一声。在物体的边界处，一部分声波反射回来，如图 7-5（b）所示。在不同性质的边界，比如从声阻抗比较高的介质进入声阻抗比较低的介质，或反过来，从声阻抗比较低的介质进入声阻抗比较高的介质，反射声波的强弱和极性可能是不同的。如图 7-5（c）所示的例子中，在物体后壁反射的声波，其极性与前壁反射波的极性是相反的。反射波被换能器转换为电信号，电信号通过示波器显示出来，人们就可以根据示波器上回波的大小、波形等信息，推测在声束传播的这条直线上是否存在物体的边界，以及边界前后物质的性质。

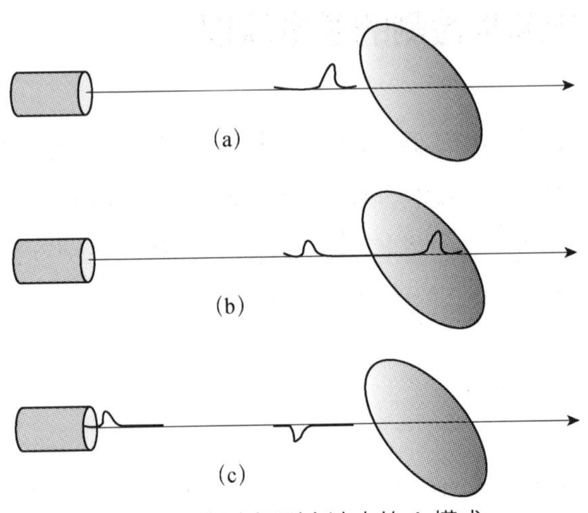

图 7-5　超声探测方法中的 A 模式

2. 医学超声检查的适用范围与限制

医学检查用的超声波为 1～18 兆赫兹，这种频率的超声波在水中或高度含水的器官中传播效果最好，传播速度也相对比较一致，大约在 1500 米/秒，这是超声检查得以在产科成功地应用于胎儿检查的主要原因。另外，有不少科室的超声检查需要患者检查前充盈膀胱（即憋尿），也是为了获得更好的成像效果。

普通的声波可以在空气中传播，然而医用频率范围内的超声波在空气中衰减得很快，因而无法用于肺部检查，因为肺部有很多充满空气的空洞。

在做超声检查时，医生会在患者的皮肤上涂一些膏状的黏稠胶体，这是为了防止探头和皮肤之间存有空气，两者之间如果有空气，就会使超声波强烈衰减，并且带来强烈的反射波，影响检查效果。

机械波在流体中只有一种波动模式，即压缩波或纵波，如果遇到固体，则会产生横波。如果固体是各向异性的，甚至会出现两个不同偏振方向的横波，也就是说，在各向异性固体中会出现三种不同振动方向、不同速度的波。因此，医学超声检查通常也不能用于检测固体，如骨骼，否则会产生许多复杂的、令人眼花缭乱的回波。据笔者所知，医学超声检查用于固体的一个例外是探测各种结石。

总之，机械波存在于“海陆空”，即液体、固体和气体之中，而超声医学检查基本上都是“水兵”。

3. 什么是 B 超？

如果说 A 超是“枪扎一条线”，B 超就是“棍扫一大片”。超声探测方法中的 B 模式，可以用图 7-6 来说明。超声换能器不停地发射超声脉冲，器官的边界将声脉冲反射回换能器，关于这一点，B 超与 A 超完全相同。不过，B 超的声束是不停地往返横向扫描的，如图 7-6（a）所示。声束的扫描早期是靠探头机械转动来实现的，近些年出现了用相控阵技术生成扫描声束，避免了在探头中使用复杂的机械运动部件。

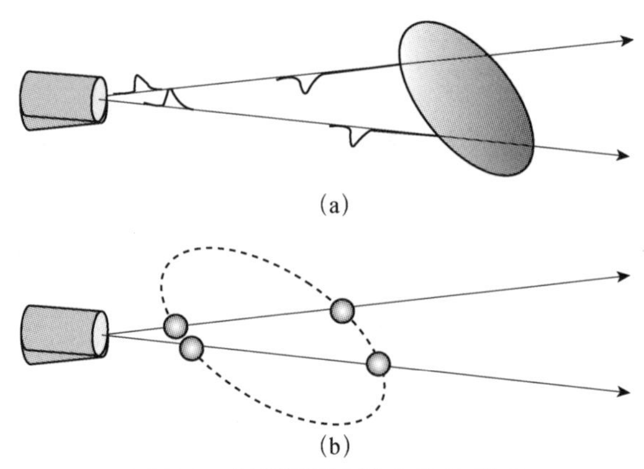

图 7-6　超声探测方法中的 B 模式

B 超的显示方法也与 A 超不同，在 A 超中，示波器的横坐标是时间，纵坐标是信号幅度；而在 B 超中，由于要显示二维画面，就需要开辟新的维度，于是信号强度就用光点或像素的亮度来表示，如图 7-6（b）所示。有回波的地方在屏幕上显示为一个亮点，这些亮点的集合就组成了图像。为了让读者更加直观地理解 B 超显示的图像，给大家看看笔者的心脏检查结果，见图 7-7。在图中，我们可以看到一个扇形的区域，这个区域是声束扫描形成的。沿着每一条扫描线，换能器收到的回波按照到达时间展开，到达时间越晚，越靠下。这张图实际上是器官在扇面上的剖面图，几块黑色的区域是心脏的心房和心室，而亮的地方是心肌。肌肉内部不是完全均匀的，声波在传播过程中会有部分反射回来，因此是亮的。心房和心室内也并不是空的，其中充满了血液，血液相对比较均匀，回波幅度很小，因此看上去是黑的。

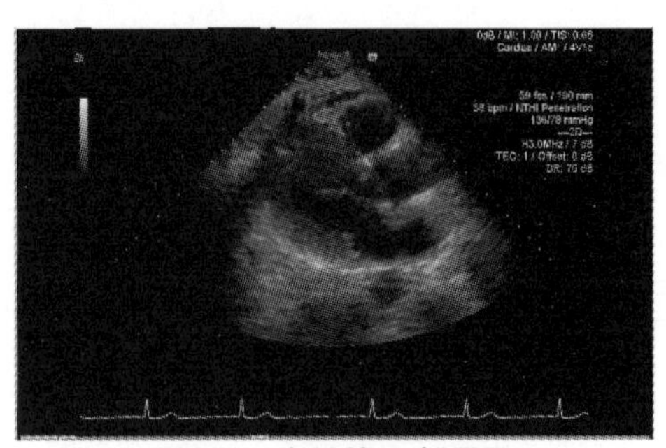

图 7-7　心脏的 B 超显示

三、多普勒效应与彩超

奥地利的萨尔茨堡（Salzburg）（图 7-8）是个著名的旅游城市，那里是天才音乐家莫扎特的故乡，也是著名物理学家多普勒的故乡。以多普勒命名的多普勒效应，对我们今天的科学研究与技术应用仍然有着深刻的影响。其中，与人们的生活有着紧密联系的一个例子，是医学超声检查中的“彩超”。

图 7-8　萨尔茨堡

本部分将对多普勒效应做一个简要的介绍，并且通过两个实验，获得对多普勒效应的一些直观了解。

1. 多普勒与多普勒效应

克里斯蒂安·多普勒（Christian Doppler）于 1803 年生于萨尔茨堡，1853 年病逝于威尼斯。

1842 年多普勒发表了一篇重要的文章——*Über das farbige Licht der Doppelsterne und einiger anderer Gestirne des Himmels*（《双星的光色以及天空

中的其他天体》）。文章主要谈的是双星的颜色，多普勒认为双星中朝向我们运动的那颗星的星光频率变高，因而呈现蓝色，而离开我们运动的那颗星的星光频率变低，因而呈现红色。这篇文章的具体结论有的并不正确，但波源或观察者运动引起频率变化这样一个内核却得到科学界的认可，被后人称为多普勒效应。

多普勒效应是波源和观察者有相对运动时，观察者接收到波的频率与波源发出的频率并不相同的现象。比如，当我们在铁路旁边时，对面一列火车鸣笛驶来时，可以听到火车的汽笛声比静止时要尖锐。而当火车驶过并逐渐远离我们时，汽笛的声音会变得低沉。也就是说，火车的运动引起了在地面上所观测到的汽笛声音的频率变化。

不过，多普勒似乎并没有见到火车鸣笛呼啸而过这个“典型”的多普勒效应现象，至少在他 1842 年那篇著名的文章中没有提及。他在文章中的确谈到声源的运动会引起频率变化，而且算出当速度达到 40 米/秒时，音符 C 会变成 D。不过，他把这种声频的变化看成是一种想象或假说，这个声学的假说在 3 年后才由荷兰化学家、气象学家巴洛（Buys Ballot）通过实验证实。

2. 多普勒效应的应用

多普勒揭示了多普勒效应后，人们又多了一个认识宇宙的利器，那就是对遥远星系的光谱红移观测。通过观测总结出的哈伯定律成了支撑宇宙大爆炸理论的四大支柱之一，另外三大支柱是宇宙微波背景辐射、宇宙间轻元素的丰度及宇宙大尺度结构与星系演化。

在实际应用方面，人们从雷达的回波信号中测定频率移动，从而设计出测速雷达用于测量汽车的速度，以减少交通事故的发生，如图 7-9 所示。利用雷达回波信号中的频率移动，可以测量各种运动目标（如飞机）的速度，还可以测定大气中水滴或冰滴的运动速度，由此判断周围一定区域内的降水情况。

图 7-9　测速雷达

3. 一个简单的声学多普勒效应实验

随着科学技术和工业的发展，我们现在已经可以非常方便地做成许多在多普勒生活的时代很难做到的实验了。你可以找个和家人一起自驾游的机会，做个简单的声学多普勒效应实验。

实验方法很简单，请一位成年人开车到一段比较平直且车辆少的公路上，按着喇叭疾驶而过，如图 7-10 所示。路边的观察者只要用手机将汽车驶过的情形录下来即可。拍摄时，手机垂直地对着公路一个固定位置，不要追踪汽车。最好选择公路上有显著标记的位置，如路面裂缝，以便后期分析时可以通过录像测出汽车速度。

图 7-10　汽车鸣笛疾驶而过的实验情景

☞ **安全提示：** 做这个实验时，必须由成年人驾驶汽车，遵守一切交通安全规则。观察者在路边要注意和道路保持足够的安全距离，同时注意不要随便跑动。通常，在高速公路上是不允许任意停车上下乘客的，也不允许人员站在路边，因此，这个实验绝不可以在高速公路上做，而要选择车辆比较稀少的乡村道路。观察者上下汽车时，要尽量从右边的车门上下，以避免发生交通事故。

录像拍好后，存到计算机中播放，并进行分析。对实验结果，我们可以通过多普勒效应和直接的时间与距离测量两种方法计算汽车的速度，并互相比较。

用多普勒效应计算，必须测定汽车喇叭声的频率变化。我们在手机上下载一个名叫 SpectrumView 的 APP。启动手机上的 APP，在计算机上播放汽车驶过的录像，汽车喇叭的声音在 APP 上显示出如图 7-11 所示谱图。

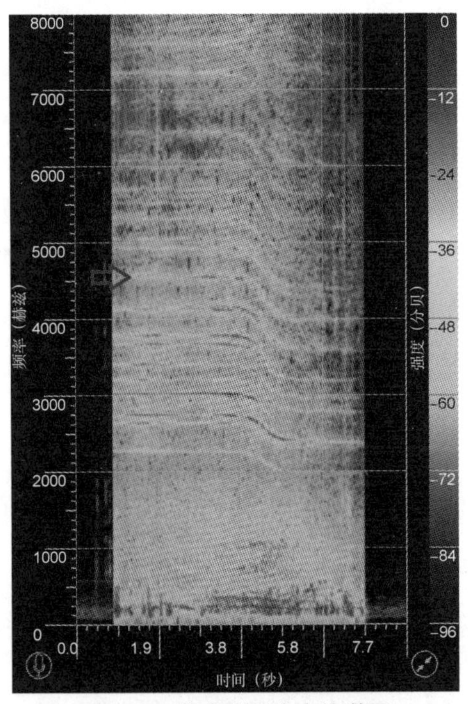

图 7-11　汽车喇叭声音的谱图

可以看出，汽车喇叭声包含了很多不同的频率成分，在谱图中呈现出一些水平线。汽车掠过时，这些频率成分经历从高到低的变化过程。我们选取一个初始频率比较高的成分，如图 7-11 中箭头所示。这个成分开始时的频率 f_1 为 4560 赫兹左右，汽车驶过后，结束频率 f_2 降低到 4000 赫兹左右。根据多普勒效应，这两个频率的比值 f_1 与 f_2 和汽车速度 v 及声速 c 的关系为

$$\frac{v}{c}=\frac{f_1-f_2}{f_1+f_2} \tag{7-1}$$

由此可以算出，汽车的速度约为 22 米/秒（假定声速为 340 米/秒）。

我们也可以通过录像直接测量来计算汽车的速度。实验中的汽车总长为 4.77 米，利用这个数据不难算出，从图 7-12（a）到图 7-12（b）之间，汽车行驶了约 4.8 米（我们可以为读者提供更多数据，以方便读者做更高精度的校核：前门装饰条处长 1.07 米，后门装饰条处长 0.79 米）。

(a)

(b)

图 7-12　汽车驶过地面标记的情景

图 7-12（a）到（b）在录像中间隔 6 帧画面，而录像的速度为 30 帧/秒，由此可以算出，汽车的速度为 24 米/秒，与用多普勒效应计算的结果接近。

不过，这两种测量方法还是存在大约 10%的差别，可能是实验时有风引起的。

4. 另一个声学多普勒效应实验

上面提到的实验需要驾驶汽车在公路上行驶，因此做这个实验需要的条件比较高。这里介绍另一个成本相对比较低且比较安全的多普勒效应实验。

在这个实验中，要用到两部智能手机，一部作为信号源，另一部作为接

收器。我们在两部手机上分别下载安装一款名为 SpectrumView 的 APP 和一个信号发生器方面的 APP。做这个实验时，我们将一部手机放在实验台面上，手握另一部手机。启动两部手机上的 APP，让一部手机快速掠过另一部手机，如图 7-13 所示。

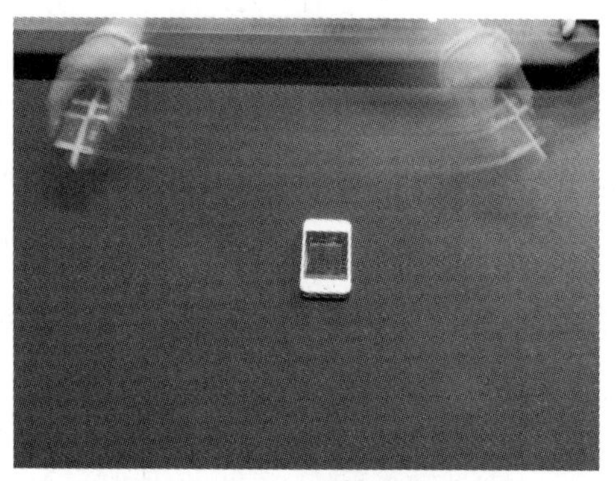

图 7-13　另一个多普勒效应实验

☞ **安全提示**：做这个实验时为了防止把手机甩出去摔坏，可以在手机上绑一条布带，并且将布带与手缠绕在一起，以确保安全。

在这里，无论手持的手机是信号源还是接收器，只要两者之间存在相互运动，就可以观察到多普勒效应。然而实际上，当接收器快速在空气中运动时，空气的摩擦会产生风的声音，影响到观测的结果。而如果把接收器放在台面上静止不动，则观测的结果要清晰得多且少风噪。在充当接收器的手机上，我们得到的声源快速掠过时的谱图如图 7-14 所示。

做这个实验时，让手中的手机发出多个频率的正弦波。从图中可以看出，手机发出的信号包括频率为 3000 赫兹、4000 赫兹、5000 赫兹、6000 赫兹、7000 赫兹和 7500 赫兹的 6 种正弦波。当信号源与接收器相对静止时，接收器测量到的声音频率与信号源发出的频率相同，在上面的谱图上，每个频率成分呈现出一条水平的直线。当两部手机互相快速掠过时，可以看出在它们互相接

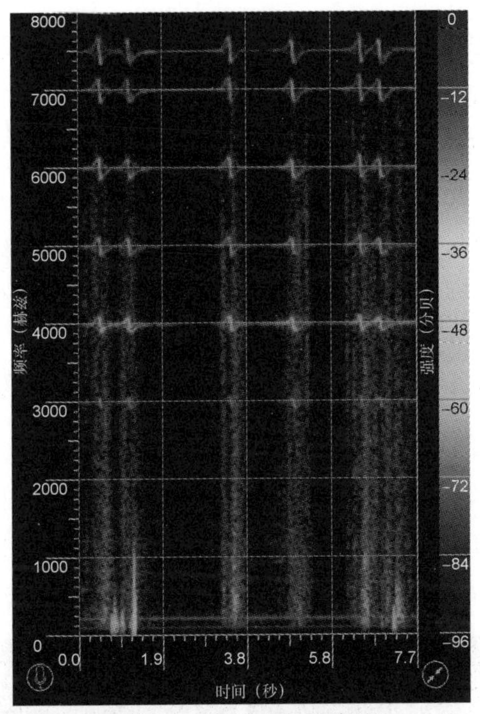

图 7-14　声源掠过时的谱图

近时，接收器测得的频率增加，而在互相远离时，频率变低。我们在这个实验中将手机往返甩动了 3 次，两部手机之间共有 6 次接近与远离的相对运动，从谱图上可以看到对应的 6 次频率跳跃。

另外一个重要的特性是，接收器测得的频率跳跃的幅度与声源的初始频率有关。从图中可以很容易看出，频率越高的声音成分，其频率跳跃的幅度越大。这与我们的预测相符。

5. 彩超

前面介绍过，人们利用空谷回声的原理，开发出了 B 超等超声医学的检测与成像方法。有了 B 超，包围胸腔或腹腔的人体组织已经无法阻碍人们看到人体内部的各种脏器。超声医学检查成为帮助医生做出诊断的利器。

然而仅仅通过B超，仍然有很多医生希望知道的信息无法探测到。比如，血管里的血液相对比较均匀，对超声波的反射比较小，因此在B超显示上，充满血液的心房、心室、血管等基本上是漆黑一团。不过血液是流动的，因此根据多普勒效应，声波在流动的血液里传播，然后反射回到超声换能器探头，反射波显现出的频率与发射波会有所不同。内脏中不同部位的频率移动体现出那里的血流速度的不同。根据血流的方向及随时间的变化，医生可以辨别多种心血管病变，能够可靠地发现血液的分流和反流等。

这里给读者看一下笔者心脏检查结果中的几个截图，如图7-15所示。图中红色部分表示血流方向朝向探头，蓝色部分表示血流方向离开探头，而探头在图的顶部。从图中可以看出，在心脏跳动的不同相位，心脏内血液的流向也随之变化。在本章结尾处，我们附了一个二维码，扫描之后可以看到视频，其中有心脏B超检查结果的视频，动态的彩超图可以帮助读者看清楚血流的变化。

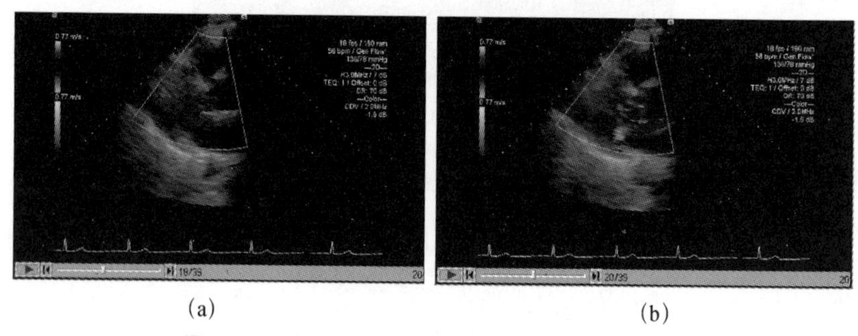

（a）　　（b）

图7-15　心脏的彩超检查结果（书末附彩图）

扫一扫，观看相关实验视频。

第八章　完全抵消与非完全抵消

物理现象中有一些互相相反的机制，它们的作用可以相互抵消，因而制约着物理现象的强度。这些相反的机制，有些可以完全相互抵消，有些则不能完全相互抵消。当这些不能完全相互抵消的机制存在时，往往会对外界产生一些残余的作用，而这些残余的作用有许多有趣的性质。

这里讨论几个完全抵消与非完全抵消的例子，以及它们所呈现出的有趣性质。

一、斜面滚球

圆形的物体沿着斜面滚下，这个现象涉及经典力学中的许多概念，大家在学习物理时，或早或晚总会遇到。在这里，我们从一个不同的视角，也就是物理机制之间的抵消来重新观察这类现象，以期帮助读者思考所学概念之间的内在联系。

1. 实验现象

把两个不同大小、不同质量的实心球放到一个斜面上，让它们同时滚下。可以发现，它们滚过相同距离所需要的时间是相同的，如图 8-1 所示。这让我们想起了另一个现象，一块比较轻的石头和一块比较重的石头同时从静止状态开始下落，它们落下相同距离需要的时间是相同的。一个物体质量的大小影响到两个相反的作用，也就是它受到的重力和它的惯性。由于引力质量和惯性质量之间的等效性，这两个相反的作用机制会完全抵消，因而物体下落时的重力加速度与它的质量无关。

(a) (b)

图 8-1　两个实心球沿斜面滚下

而在斜面上滚球，情况就要复杂一些。除了引力质量和惯性质量之间的等效性使得滚动的运动特性与质量无关外，还存在其他机制之间的互相抵消。比如，考虑两个直径不同的球，直径增加使得球受到的力矩增加（假设球的质量相同）。然而直径增加也使得球的转动惯量增加。这两个机制一个增大球的角加速度，另一个减小球的角加速度。不过，这两个相反的机制对于球滚动的角加速度却不能完全抵消，事实上，比较大的球滚下时的角加速度是比较小的。球的直径还影响到球在滚动时角加速度与线加速度之间的比值，因此球直径的影响最终完全抵消，对于它滚下时的线加速度完全没有影响。

2. 初步分析

为了更清楚地分析这些机制，我们考虑一个圆形物体在斜面上滚动时的受力状况，如图 8-2 所示。圆形物体受到重力 Mg，其中 M 为其质量，此外，它还受到斜面的支撑力 N 及摩擦力 f。圆形物体的运动包含质心的位移和整个物体作为一个刚体的转动，满足下列运动方程：

$$N = Mg\cos\theta \tag{8-1}$$

$$Ma = -f + Mg\sin\theta \tag{8-2}$$

$$I\frac{\mathrm{d}\boldsymbol{\omega}}{\mathrm{d}t}=rf \tag{8-3}$$

对比物体从斜面上滑下的运动，滚动运动多了一个方程（8-3）。其中，圆形物体的半径为 r，其中心运动的加速度为 a，转动的角速度为 $\boldsymbol{\omega}$。角加速度与圆形物体中心的线加速度存在如下关系：

$$r\frac{\mathrm{d}\boldsymbol{\omega}}{\mathrm{d}t}=a \tag{8-4}$$

而圆形物体绕轴线转动的转动惯量为

$$I=cMr^2 \tag{8-5}$$

转动惯量大小受其质量分布的影响，上式中 c 是一个数值从 0 到 1 反映物体质量分布的常数。对于密度均匀的实心球，这个数值为 2/5。

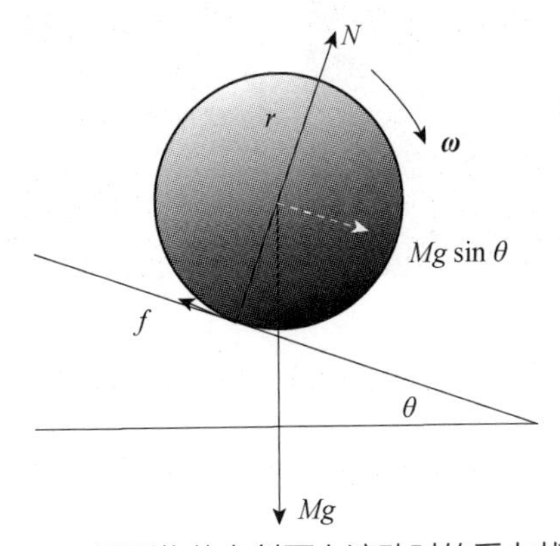

图 8-2　圆形物体在斜面上滚动时的受力状况

因此，圆形物体在滚下斜面过程中，其中心的线加速度为

$$a=\frac{M}{M+cM}g\sin\theta \tag{8-6}$$

如果进一步简化，则线加速度为

$$a=\frac{1}{1+c}g\sin\theta \tag{8-7}$$

由此可以看出，一个圆形物体，如圆柱体、空心薄壁球、空心薄壁圆柱（薄壁

管）等，从斜面上滚下时，其中心的线加速度与其直径、长度、密度、质量等无关，这些参量改变时，往往会同时引起多个正向的或负向的效应，而这些效应对线加速度的影响正好完全抵消。

3. 质量分布的影响

圆形物体从斜面上滚下时的线加速度仅受其质量分布的影响。比如，实心球（c=0.4）的滚下加速度大于圆柱体（c=0.5）的滚下加速度，也大于空心球（c=0.67）的滚下加速度，如图 8-3 所示。在几种常见物体中，薄壁管（c=1）的滚下加速度最小。

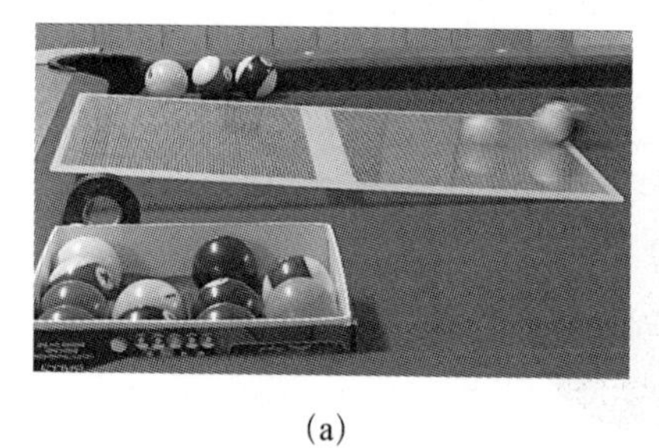

(a)

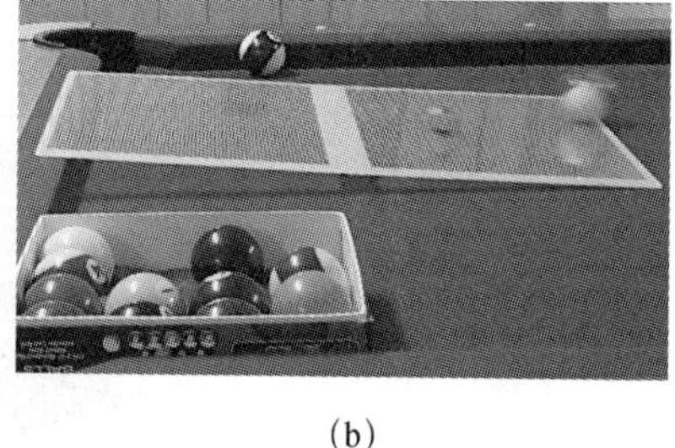

(b)

图 8-3　空心球与实心球的对比（a），以及薄壁管与实心球的对比（b）

这里需要提醒的是，分析这类滚动问题时要看清楚质量分布上的差异。比如，我们来看下面这道题：

一个玻璃瓶中装满米滚下一个斜面，与空瓶滚下相比，其加速度（　　）

A. 较大　　B. 较小　　C. 相同　　D. 题目条件不够

对于玻璃瓶，空着的时候，质量主要分布在外壁，常数 c 近似为 1；而装满米之后，有相当大比例的质量分布在圆柱的轴线附近，常数 c 变小，这就使得它滚下斜面的线加速度比较大。

假设我们把题目改一下，考虑的容器是一个很轻的塑料瓶，里面装满米或铅砂，在这两种情况下，虽然质量差别很大，但质量分布基本相同，这样它们滚下斜面的线加速度也基本相同。

二、偶极子

偶极子是物理学中一个非常重要的概念。偶极子呈现许多物理性质，都可以看成是物理机制之间完全抵消及非完全抵消所致。这里讨论静电、静磁及声波动等物理现象中所存在的偶极子。

1. 静电与静磁偶极子

无论是静电的电荷还是磁铁的磁极都遵循“同性相斥，异性相吸”的规律。可是我们平时看到很多的静电现象中，大多是带静电的物体吸引另一个物体，而相斥的情形不那么容易看到。而且，带静电的物体会吸引一些不带电的物体。比如，我们拿一个气球在头发上摩擦几下，气球就带了电，从而可以吸起碎纸片这类不带电的物体。

给高压电蚊虫拍充上电，靠近一些小纸屑，就可以把纸屑吸到电蚊虫拍的金属网上，如图 8-4 所示。

(a)

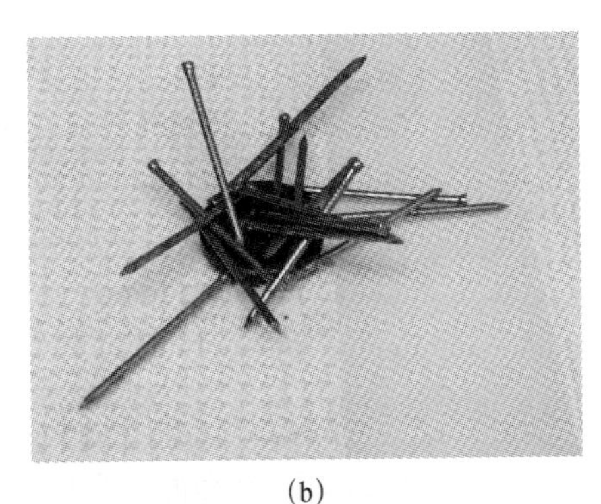

(b)

图 8-4　静电场对物体的吸引（a）及磁铁对物体的吸引（b）

☞ 安全提示： 做这个实验时，任何时候都不要直接用手或手持金属等导体碰触高压电蚊虫拍的金属网。尽管通常情况下，只碰触外网不会造成触电，但在有些特殊情况下，比如不慎碰触了多个导体，仍有可能造成触电事故，甚至威胁人身安全。

在磁现象中，我们有时候把磁铁称为吸铁石。这是由于我们经常可以看见磁铁会吸引原来没有磁性的物体，如磁铁可以吸引铁钉。这让我们产生了一个疑问：为什么不带电或没有磁性的物体会被吸引呢？

大家可能已经知道，所谓不带电并不是物体上真的不存在电荷，只不过是物体上的正电荷与负电荷的电量相同，两者的作用通常情况下互相抵消。

当外界有带电物体，比如一个带正电荷的小球，带电物体就会产生一个电场。在这个电场的作用下，原来不带电的物体里的电荷会发生位置的移动，比如碎纸片里的负电荷会向带正电的小球靠近，这样它就会被吸引了，如图 8-5 所示。

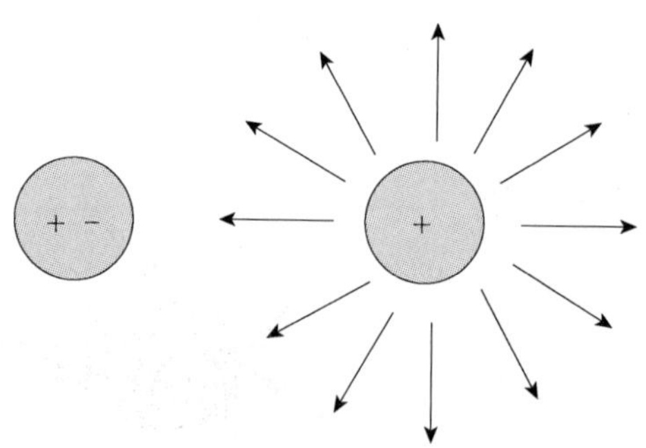

图 8-5　物体在静电场中的极化

但很多同学立即就能发现一个新的问题：碎纸片里除了有负电荷外，还有等量的正电荷，这些正电荷显然会被带正电的小球排斥，为什么我们总是看到纸片被吸引，而看不到被排斥呢？

的确，碎纸片上的负电荷会被吸引，而正电荷会被排斥，从而变成一个一端带正电另一端带负电的物体。这种现象叫作极化，这种两端带有等量反极性电荷的小物体叫作偶极子。与偶极子这个名词相对应，还有单极子、四极子等。如果一个小物体带有的某一种电荷多于另一种电荷，我们就称它为单极子。

偶极子在电场中，一端受到吸引力，另一端受到排斥力。如果电场是均匀的，则两个力大小相等、方向相反，正好抵消。因此，在均匀电场中，一个不带电的物体虽然会被极化成为偶极子，但它受到的电场总作用力是零，见图 8-6（a）。

大多数情况下，带电物体周围的电场是不均匀的。一般来说，越靠近带电物体，电场的强度越大。这样，偶极子靠近带电物体的那一端就会受到比较大的吸引力，而另一端受到的排斥力相对就比较小，见图 8-6（b）。于是，总的效果就是不带电的物体总是被吸引，而不是排斥。

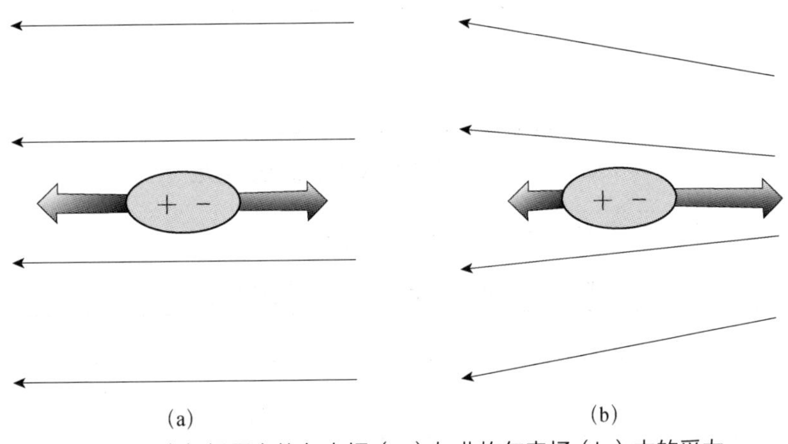

图 8-6　电偶极子在均匀电场（a）与非均匀电场（b）中的受力

对于磁场而言，也有类似的现象。原本不带磁性的铁钉，在磁铁周围磁场的作用下，磁化成为磁偶极子。由于磁铁周围的磁场强度是不均匀的，靠近磁铁的位置比较强，因此铁钉总是会被磁铁吸引。

这里顺便指出，我们现在已知的世界中，只存在磁偶极子，而不存在磁单极子，这与物质的电性质是很不同的。一个物体可以带有一种单一的电荷，比如电子带有负电荷而质子带有正电荷。但已知的世界上却并不存在“磁荷”，具有磁性的物体至少是一个偶极子。

偶极子在电场或磁场作用下会产生力矩，如图 8-7 所示，无论电场或磁场是否均匀都是如此。这种力矩使得偶极子的取向与外界电场或磁场一致。比如，可以将指南针看成是一个磁偶极子，在地球磁场的作用下，总是沿着南北方向取向。

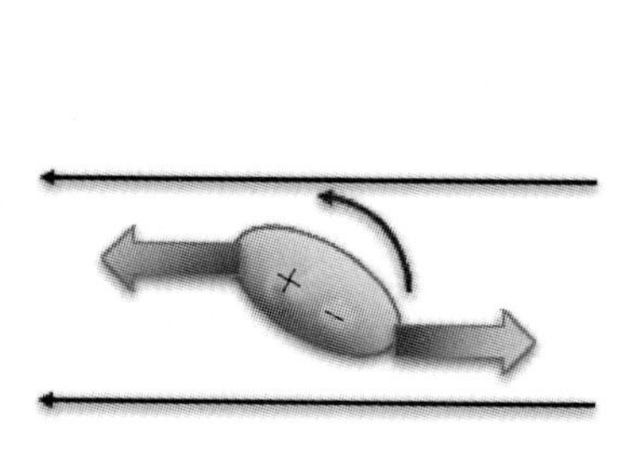

图 8-7　电偶极子在电场中所受到的力矩

这里我们把有关的概念总结一下，见表 8-1。

表 8-1　电场对于单极子和偶极子的作用

	单极子（电荷）	偶极子
均匀电场	受力 无力矩	0 有力矩
不均匀电场	受力 无力矩	受力 有力矩

电偶极子或磁偶极子必须在不均匀的电场或磁场之中才会受力，而所谓不均匀，是指在不同空间位置上，电场或磁场强度不同。对于不均匀场，我们经常用

场强梯度来描述。也就是说，偶极子必须在存在场强梯度的情况下才会受力。

2. 音箱原理与声偶极子

偶极子既可以是静态的，也可以是动态的。动态的偶极子，两极受到大小相等、方向相反的交变电源或外力驱动，产生一个波动场。

由于偶极子两极所产生的场相位是时刻相反的，因此它们之间是会互相抵消的。但这种抵消不是完全的抵消，因而在周围仍然可以观察到波动场。不过，偶极子所产生的波动场有非常有趣的空间分布和频率特性。我们通过一个实验，初步了解一下偶极子波动场。

在一个扬声器里，纸盆被一个磁铁中的线圈驱动而前后运动，发出声音，如图 8-8 所示。当纸盆向前运动时，它的前方出现一个高压强区域，后方出现一个低压强区域；反之，向后运动时，前方低压，后方高压。这样，从侧面看，处于自由空间的扬声器实际上近似地是一个偶极子。

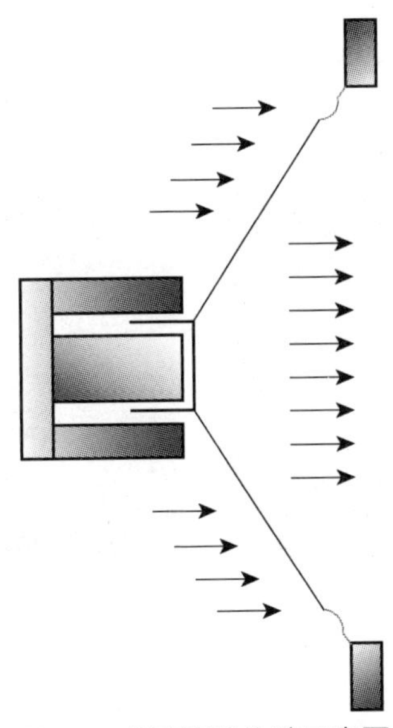

图 8-8　扬声器的构造示意图

这个实验中用到的扬声器是从废旧电子产品中回收的，直径为6～8厘米。把一根带有3.5毫米耳机插头的音频线剪断，剥去绝缘层，露出里面的导体。将音频线的外层金属网作为一极，内部两个通道的芯线并联在一起，作为另一极，分别与扬声器的两极连接。

让一部智能手机或计算机播放音乐，然后将耳机插头插入插孔，就可以从扬声器中听到音乐。当扬声器处于自由空间时，我们在它的侧面听到的音乐声相对不是很强，而且听到的声音比较尖，乐队中的低音声部显得比较弱。

找一个纸箱，边长为60～70厘米最好。在纸箱壁上挖一个圆孔，直径比扬声器的口径略微小一些，使得扬声器可以完全放在圆孔内，但又不至于掉进去。这样一个纸箱就变成了一个简单的音箱，如图8-9所示。让扬声器播放音乐，然后将扬声器放入音箱中再拿出音箱，比较这两种情况下的音响效果。可以听出，当扬声器放在音箱中时，音乐的声音变得比较强，而且低音成分明显改善了。为了更加直观地观察音箱对于不同频率声音所产生的影响，让手机播放包含若干个不同频率成分的信号，然后记录扬声器在音箱外与音箱内的频谱。

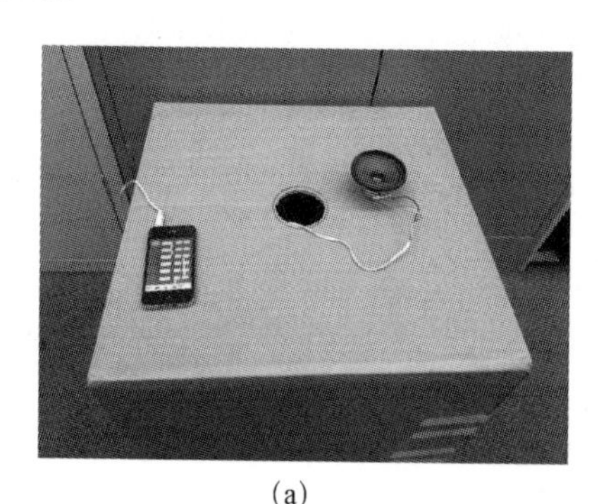
(a)

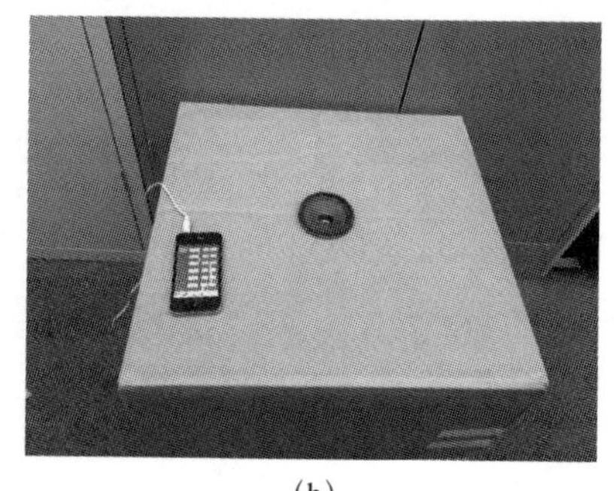
(b)

图8-9 音箱原理实验及扬声器放入音箱的情景

在手机应用商店有不少可以产生音频信号的APP，笔者使用的是叫作Multi Wave的APP，以此产生一个频率为800赫兹的三角波，三角波本身就包含了基频的高倍频成分。对于精确的三角波，应该仅包含基频的奇数倍频，如2400赫兹、4000赫兹、5600赫兹、7200赫兹等。不过，由于三角波生成的过程中多少存在某些失真，因此在信号中实际上还是有一些基频的偶数倍频。

> ☞ **安全提示：** 实验所用的APP要从正规的网站下载，以免手机感染病毒。实验中，可以将手机的联网功能关闭，以免误触启动随APP推送的广告。

在另一部手机上，我们下载安装了一个频谱分析APP——SpectrumView，启动APP，如图8-10所示，可以得到扬声器在音箱外与音箱内所发出声音的频谱。频谱的横轴为频率，纵轴为某一频率成分的强度。在频谱中，每一个不同频率的正弦波表现为一条细线，细线的高度为这一正弦分量的强度。

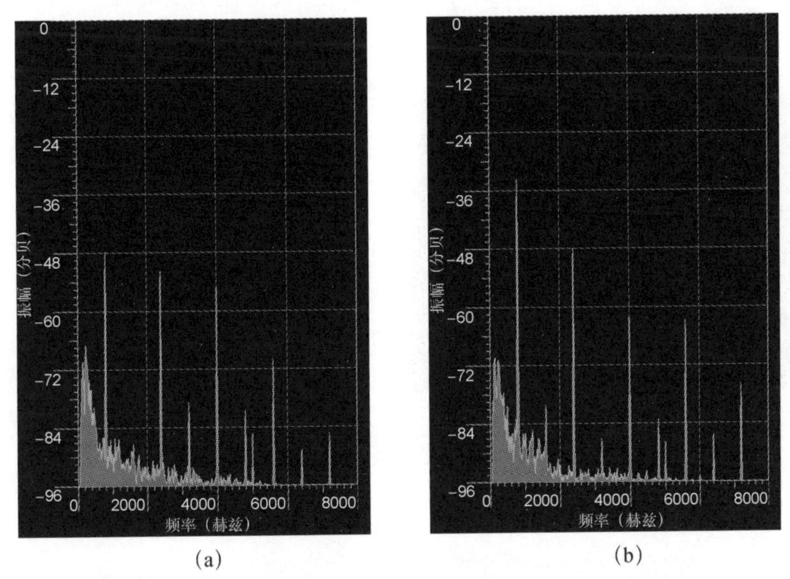

图8-10　扬声器在音箱外（a）与音箱内（b）发音的频谱

不难看出，当扬声器放入音箱后，大部分频率成分都加强了，其中低频成分比高频成分加强得更多，这与我们用耳朵直接听到的感觉相符。

3. 声偶极子产生的波动场

事实上，单个扬声器只是一个近似的偶极子，除了偶极子分量外，还包含单极子分量。为了更加清晰地了解偶极子产生的波动场，我们用两个扬声器制成一个比较单纯的偶极子。制作时，注意要选择两个相同型号的扬声器，这样它们发声的强度才会尽可能一致。连线之前，应该确认一下扬声器的极性。用一个电池的两极分别碰触扬声器的两极，并注意扬声器纸盆的运动。在纸盆向外推的情况下，我们把电池正极碰触的扬声器接点定义为正极。连线时，把两个扬声器的正负两极互相反向连接在一起，即让第一个扬声器的正极与负极和第二个扬声器的负极与正极分别连接。这样，无论我们在扬声器两端加上什么样的电信号，这两个扬声器在任何时刻发出的声压总是相反的。在一个纸箱上挖两个洞，间距约 50 厘米，将扬声器放入，如图 8-11 所示。

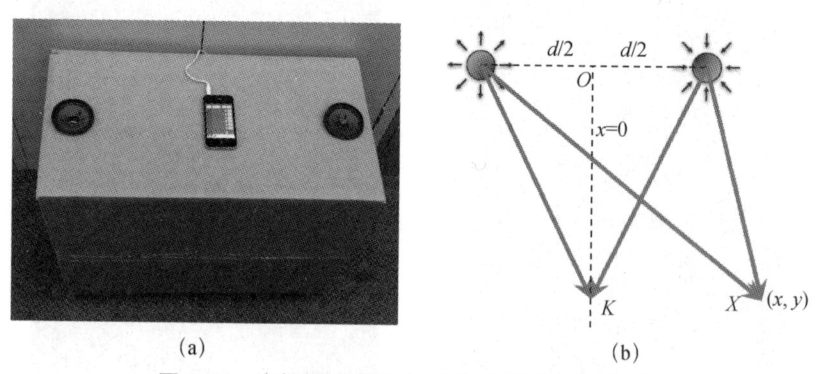

图 8-11　声偶极子实验（a）与声场的叠加（b）

这种声偶极子产生的声场有什么样的空间分布与频率特性呢？为了简化讨论，我们将两个扬声器分别看成两个交变的压强源，同时暂时忽略纸盆形状对声场方向性造成的影响，将两个压强源看成是各向同性的。我们将两个扬声器设想为一对间距为 d 的各向同性压强源，假设压强源对周围空气产生的瞬时压强增量在任何时刻都是大小相等、方向相反的。显然，在两个压强源连线的垂直平分面（x=0）上，任何一点 K 与两个压强源之间的距离是相等的，因此，声波从两个压强源到达该点的时间完全相同。这样，两个压强源产生的声扰动始终处于相反的方向，它们产生的压强增量一增一减，因而完全抵消。

我们可以将两个扬声器接到一个信号源，如手机上，播放任意音乐信号。这时，我们堵住一只耳朵，另一只耳朵对着偶极子注意细听，并且沿着偶极子轴向的方向缓慢移动。在两个扬声器连线的垂直平分面上，我们可以听到声音几乎完全消失。注意：我们播放的是任意的音乐信号，因而不论信号的频率高低，两个扬声器发出的声场完全抵消。当我们在声场的极小点附近缓缓移动时，可以听出音乐的声音比较尖，也就是说，在靠近极小点的地方，音乐中的低频成分比高频成分被抑制得更厉害，这是什么原因呢？

我们考虑在任意观测点 X，这个点与两个压强源的距离不同。这样，两个压强源产生的声扰动传播到 X 点的时间就不同了。由于两个声波在 X 点上叠加的位相不再相同，因而，在一般情况下两个声波不再能够完全抵消。

我们通过一个具体的例子来说明这个现象。考虑两个声源，发出大小相等、相位相反的正弦波 PA 和 PB。对于某一观测点 X，假设到达两个声源的距离差为 5 厘米，通常情况下，声速大约是 340 米/秒，因而声波从两个声源到达观测点的时间差为 0.147 毫秒，相当于 PA 发生了一个时间延迟，波形变成了 PAS。由于这个延迟，PAS 与 PB 叠加时，两个波动不再完全抵消，而是叠加出一个振幅比较小的正弦波 PAS+PB，如图 8-12 所示。

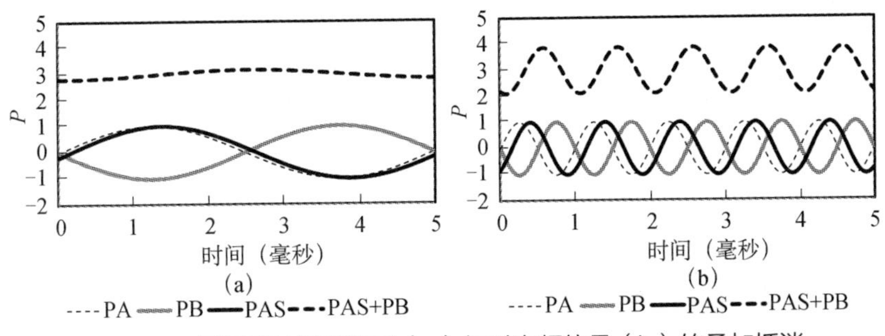

图 8-12 偶极子对低频信号（a）与对高频信号（b）的叠加抵消

我们现在粗略地讨论一下声偶极子所产生的声场的频率特性，在前面这个例子中，声源的频率为 200 赫兹，当我们把声源的频率增加到 1000 赫兹时，情况会怎样呢？当频率增加时，声波的周期变短，对于相同的时间差，相应的位相差比低频时要大。这样，两个波离开完全抵消的状态更远，因此叠加后的振幅就更大。由此可见，一般情况下，声偶极子的两个声源发出的对声波互相都有所抵消，不过对于不同频率的信号抵消的程度不同。当声偶极子的间距 d 小于声信号波长时，频率比较低的成分抵消得更厉害些。

对于前面谈到的单个扬声器，当它处于自由空间时，扬声器前部与后部近似地构成一个偶极子，于是如上面所解释的，低音成分被抑制得比较厉害。如果放到音箱中，音箱壁挡住了扬声器后部发出的声音，使之不能抵消扬声器前部产生的压强扰动，因此产生的声音，尤其是其中的低频成分就要强不少。

当然，音箱的去偶极子效应是扬声器声音改善的原因之一，人们在设计音箱时还有不少因素需要考虑，以便获得更加理想的还音效果。

三、橡皮筋弦的性质

我们这里讨论一下用橡皮筋制成的琴弦，以此作为一个非完全抵消的例子。

1. 弦的频率

弦的频率与它的张力（T）、长度（L）及线密度（μ）有关，它们之间的关系如下式所示：

$$f_1 = \frac{1}{2L}\sqrt{\frac{T}{\mu}} \qquad (8\text{-}8)$$

这里，f_1 是弦振动的基频，尽管一根弦可以按更高的频率振动，但大多数情况下，一根弦被激励起来后，都是以最低的频率，即基频振动的。

以我们常见的乐器小提琴为例，在小提琴上有四根粗细不一的弦，调弦时，通过改变琴弦的张力来定音。而演奏时，则是通过改变长度来生成每一个音符。

2. 实验现象

我们考虑用一根橡皮筋来制作琴弦。当拉紧橡皮筋的时候，张力无疑增加了，这似乎应该使琴弦振动时频率增加。不过，拉紧橡皮筋的时候，它的长度也增加了，这又似乎应该使频率降低。由于橡皮筋的质量是固定的，那么它在变长的时候，线密度因此而降低，变得更细。这个因素好像又应该使得弦的振动频率变高。那么，拉紧一根橡皮筋时，振动的频率到底是升高还是降低呢？首先，让我们通过一个简单的实验获得一些直观感受。

找一根原始长度为 10 厘米左右的橡皮筋，将其一端固定。笔者在做这个实验的时候，是将橡皮筋固定在一扇合页门的把手上，如图 8-13 所示。这样，橡皮筋的振动就可以耦合到门板上，从而产生较大的声音。将橡皮筋拉紧，使其长度为原始长度的 2～5 倍。在改变长度的同时，不断拨动橡皮筋，使之振动发声。注意仔细地听一下橡皮筋的音调，可以发现，在一定的长度范围内，橡皮筋的振动频率几乎是不变的。只有在橡皮筋非常松或非常紧的情况下，其振动频率才会有比较显著的变化。

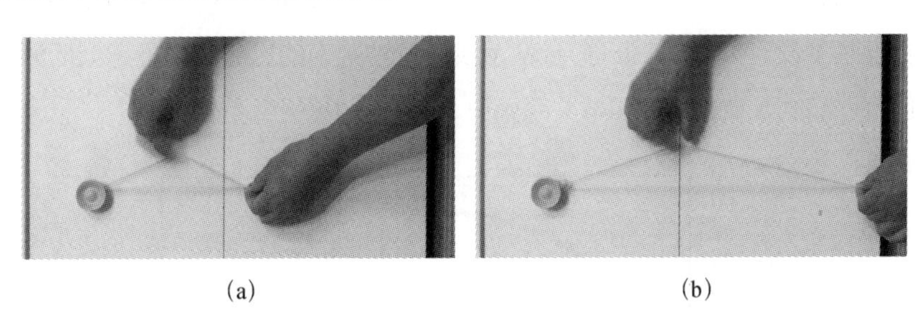

(a)　　　　(b)

图 8-13　橡皮筋振动频率与长度关系的实验

3. 实验结果分析

我们现在分析当拉紧橡皮筋时，其张力、长度及线密度之间的关系，同时讨论这几个参量与橡皮筋振动频率之间的关系。

对于类似橡皮筋这样弹性比较好的弹性体，其伸长量与其张力成正比，符合胡克定律：

$$T = k\left(L - L_0\right) \tag{8-9}$$

其中，L_0是橡皮筋的原始长度。而k是一个常数，单位是牛顿/米。

线密度，是指线状物体单位长度的质量，对于总质量为m的橡皮筋，其线密度为

$$\mu = m / L \tag{8-10}$$

这样，橡皮筋的振动频率随其长度的变化可以由下式表述：

$$f_1 = \frac{1}{2L}\sqrt{\frac{T}{\mu}} = \frac{1}{2L}\sqrt{\frac{k\left(L - L_0\right)}{m / L}} = \frac{\sqrt{L\left(L - L_0\right)}}{2L}\sqrt{\frac{k}{m}} \tag{8-11}$$

由此可见，张力、线密度受到长度的影响都是一次方（或线性）的。不过，它们对频率的影响却是平方根的关系，而长度本身对频率的影响是一次方的。这样，当橡皮筋长度增加时，尽管张力和线密度两个参量对频率都是增加性的影响，只有长度一个参量是降低性的影响，但这样一个二比一的力量对比却基本上是势均力敌的。

不难看出，当橡皮筋的长度远大于它的原始长度时，橡皮筋的振动频率与其长度基本没有关系，其张力、长度及线密度对频率的影响几乎是完全抵消的。我们可以将式（8-11）的函数关系画出，如图 8-14 所示。

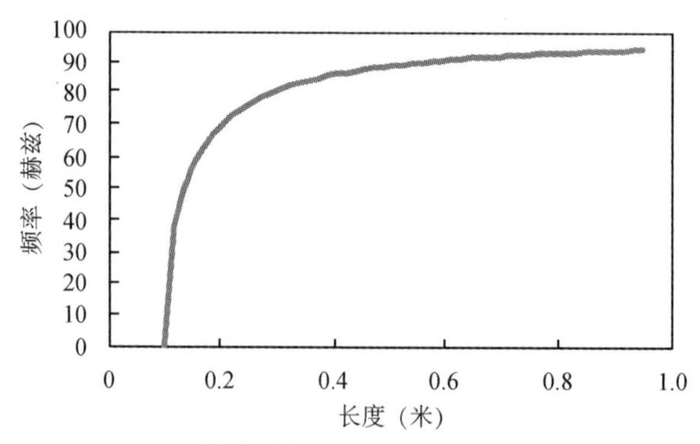

图 8-14　橡皮筋长度与振动频率的函数关系

我们讨论的这个橡皮筋的原始长度约为 10 厘米，质量约为 1 克。在橡皮筋下边悬挂 400 克重物，其长度增加约 10 厘米，由此可以计算出橡皮筋的弹性常数大约为 k=40 牛顿/米。

橡皮筋拉伸长度超过原始长度后，其振动频率逐渐增加，增加趋势逐渐变缓。如果橡皮筋可以无限拉伸，其振动频率会趋向一个极限，在此实验中，这个极限是 100 赫兹。

利用橡皮筋或其他高弹性物体（如细弹簧）作为弦，可以制成一些音色特殊的乐器。这种乐器很难用来演奏旋律，但可以用来伴奏。橡皮筋长度变化时会带来音调细微但魔幻式的变化，可以丰富音乐作品的表现力。

四、磁四极子在粒子加速器中的应用

粒子加速器是高能物理学研究微观世界的重要科学装置，加速器在放射医学等领域也有广泛的应用。

加速器有很多是环状的，带电粒子在环中飞行，逐步加速到需要的能量。带电粒子在不受到外力的作用下会沿着一条直线向前飞行，为了让带电粒子沿着圆环飞行，需要用磁铁产生磁场，使运动的带电粒子在磁场中受到洛伦兹力的作用而偏转，被约束在预定的圆环空间区域内。

在加速器中使用的磁铁包含两大类，一类是偶极子，另一类是四极子。偶极子的主要作用是让带电粒子一点点地拐弯，从而沿着环形轨道飞行；四极子的主要作用是将带电粒子聚焦，避免带电粒子的束流发散。

1. 磁四极子简介

磁四极子磁铁的结构如图 8-15 所示。磁四极子磁铁的四个磁极可以是尺寸及强度相同的永久磁铁，但更多情况下是电磁铁。

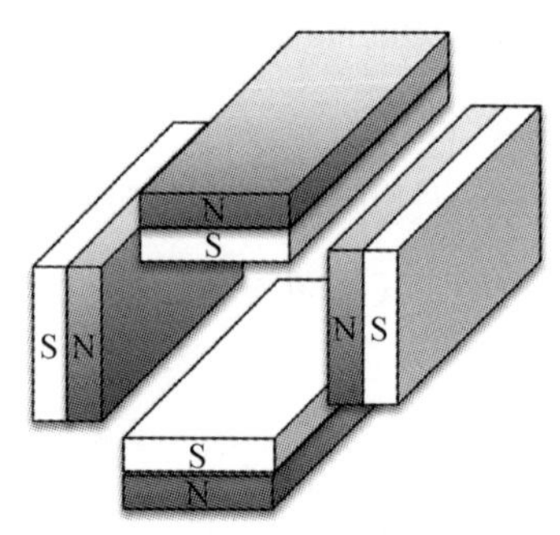

图 8-15　磁四极子磁铁示意图

四极子磁铁通常用于在粒子加速器或电子显微镜中将带电粒子束流聚焦，其聚焦的原理如图 8-16 所示。注意：与图 8-15 相比，图 8-16 中的四极子磁铁围绕对称轴旋转了 45 度。

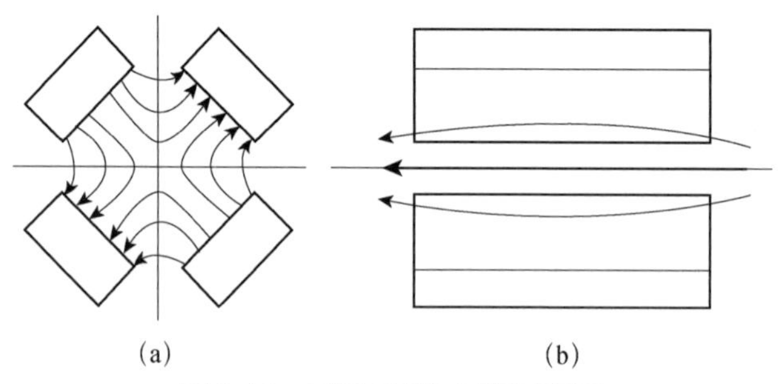

图 8-16　四极子聚焦原理示意图

四极子磁铁由四个磁极构成，通常是用四组相同的线圈绕在形状相同的铁芯上，通上相等的电流而产生磁场。它们的极性分别按南、北、南、北交替排列。因此，在磁铁内部空间，上半部与下半部磁场的方向相反，左半部与右半部磁场的方向也是相反的。而在磁铁的轴线上，各个磁极产生的磁场互相抵消，磁场强度为零。当带电粒子沿着四极子磁铁的轴线飞行时，由于轴线上磁场强度为零，带电粒子所受到的洛伦兹力也是零，因而不受到任何影响。

如果一个带电粒子的运行轨迹比较偏上，它在四极子的磁场作用下，向下偏转。同理，如果一个带电粒子的运行轨迹比较偏下，在四极子磁场的作用下，它又会向上偏转。这样，在一束带电粒子中，无论是偏上还是偏下的粒子，其飞行方向经过四极子磁铁都会被向中间校正。

一个四极子磁铁只能在一个方向上聚焦束流，而在另一个方向上则会发散束流。比如，在上下方向上聚焦，在左右方向上发散。读者自己可以很容易地对此进行验证。因此，在加速器中，四极子磁铁又分成两类，一类在水平方向上聚焦，另一类在垂直方向上聚焦，这两类四极子磁铁在圆环中是交替布置的。这样，就保障了加速器中的束流始终在垂直和水平两个方向上维持良好的聚焦特性。

2. 磁四极子性质观察

这里通过一个简单的实验来观察四极子磁场对带电粒子流的聚焦作用。阴极射线管内有一个电子枪，它发射出一定速度的电子，打到屏幕上，通过屏幕上的荧光粉转换成可见光，从而显示出需要的图形或字符。笔者在这个实验中用的是一台退役的示波器，这个实验也可以用老式的玻璃壳显像管电视机或电脑显示器来做。

实验中的四极子磁场是用四块圆环状小磁铁片产生的，每个小磁铁片的极化方向是沿着圆环对称轴的，因此一面是北极，另一面是南极。将四块磁铁交替反转放到一起，它们之间就会互相吸在一起。为了确保四个磁铁的相对位置不随意改变，可以用少量胶带纸将它们粘在一起。

将示波器竖立放置，使其显示屏水平朝上，再将粘好的磁铁组合放在显示屏上，如图 8-17 所示。实验中所使用的示波器有四个通道，将所有通道打开，让它们对应的扫描线均匀地显示在荧光屏上。当磁铁组合放到显示屏上时，它所产生的磁场有一部分透入显像管内。电子的运动方向是从显像管内部迎面飞向荧光屏的。电子在即将到达荧光屏的飞行中，受到这个磁场的影响，偏离原有方向，打到荧光屏上不同的位置。可以看出，对于沿着四个磁铁组合的中心轴飞行的电子，其方向没有改变；而当电子的飞行位置偏上或偏下时，磁场对它们产生影响，使它们朝中间位置校正。

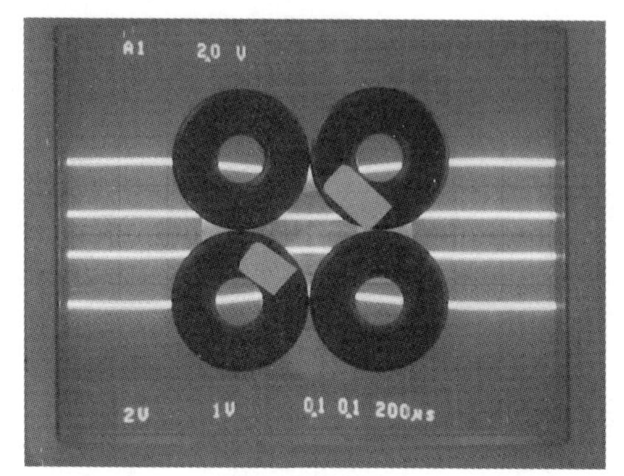

图 8-17　四极子磁场聚焦电子束的实验

当然，如前面所谈到的，四极子磁场仅对一个方向上的偏离有聚焦作用，在另一个方向上的作用是发散的。我们将磁铁组合旋转 90 度，就等效于将所有磁铁的极性反转，可以看到如图 8-18 所示的现象。在这种情况下，四极子磁场对上下方向的电子束偏离有发散作用，对左右方向的偏离有聚焦作用。当然在这个实验装置中，左右方向上的聚焦作用不太容易看清楚。

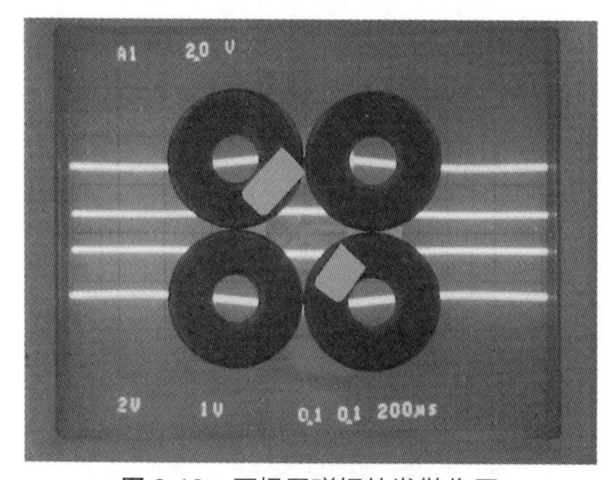

图 8-18　四极子磁场的发散作用

五、同轴电缆与双绞线电缆

利用电线可以将电能或电信号输送到不同的地方。不过，传输电信号，尤其是传输高频率的电信号却不是件简单的事情。在导体中传输的高频电信号很容易在周围感应产生电磁场，通过电磁波辐射出去。这种电磁辐射消耗了正常传播信号的能量，还会干扰其他的通信系统。

为了确保信号传输的可靠性，减少电磁干扰，我们经常要用到同轴电缆和双绞线电缆。

高频电流在导体中通过时，也在导体周围产生各式各样的电场与磁场。对这种电场与磁场单靠简单的封堵和衰减是不行的，必须用更巧妙的战术，比如产生一个相反的电场和一个相反的磁场与它们抵消。同轴电缆和双绞线电缆就是相互抵消的非常好的例子。

1. 同轴电缆简介

同轴电缆由里到外分为四层，即中心导体、塑料绝缘介质、外导电层和外保护层，我们剥开一段家用电视的信号电缆，就可以清楚地看到同轴电缆的构造，如图 8-19 所示。信号电流通过电缆的内导体流到接收端，再通过外导电层流回信号源，构成一个完整的回路。在信号传输的过程中，内导体由于在某个区段瞬时某种电荷堆积，会对周围产生一个电场，而外导体也在相应的区段同时堆积等量的反极性电荷，这样，内外导体所产生的电场在电缆外完全抵消。信号所产生的电场完全局限于内外导体之间的绝缘介质当中。同时，当电流流过内导体时，在周围产生磁场。而外导体也流过大小相等、方向相反的电流。这样，内外两个导体中的电流所产生的磁场在电缆的外边完全抵消。信号所产生的磁场也被完全局限在两个导体之间的区域。因此，在一根高质量的同轴电缆内传输信号时，在同轴电缆外的电磁场可以被完全抵消，从而避免对周围产生电磁干扰。

图 8-19　同轴电缆

2. 双绞线电缆简介

如果把两根相同的导线紧紧地绞缠在一起，就构成了一个双绞线电缆。传输信号时，让两根导线同时流过大小相等、方向相反的两个电流，我们通常称这种信号为差分信号。这也能使得电缆周围的电磁场大部分抵消。

显然，由于双绞线不是轴对称的，因此，电缆周围的电磁场不会完全抵消，尤其是在离电缆很近的地方。不过，与同轴电缆相比，双绞线的成本要低很多，其信号传输的质量在很多情况下可以接受，因而它的应用非常广泛。比如，在计算机的网线、USB 连接线、数字视频线中，凡是用到差分数字信号的地方，都可以使用双绞线。

扫一扫，观看相关实验视频。

第九章　小玩具中的大科学

本章中，我们介绍几个简单而有趣的科学玩具。这些玩具背后的物理原理并不简单，有些需要大学物理专业高年级或研究生阶段课程中的知识才能解释。不过，我们总不能等到全部学会了这些知识才去玩这些玩具。事实上，我们学习知识，有时候是通过上课或阅读学习理论，而有时候则是通过实践活动（包括玩玩具）获得感性的直觉。这两者并没有严格的先后次序，它们同样重要，不可偏废。

这里，我们不进行完整的理论分析，而对这些玩具涉及的现象做一些简单的描述和讨论。

一、磁悬浮陀螺

磁悬浮陀螺是一种非常有趣的科学玩具，由底座和陀螺两部分组成，如图 9-1 所示。底座中有一个比较大的圆环形永久磁铁，陀螺中也有一个永久磁铁。当陀螺以合适的角速度旋转时，陀螺可以悬浮在底座上空，稳定地维持旋转 1 分钟左右。

要想获得稳定的悬浮效果，我们需要通过练习掌握一定的技巧。

图 9-1　磁悬浮陀螺

1. 实验技巧

首先，在底座上放一块塑料板，然后将陀螺按在底座的中心，用手指捻陀螺的中心柱，使之旋转起来，如图 9-2 所示。

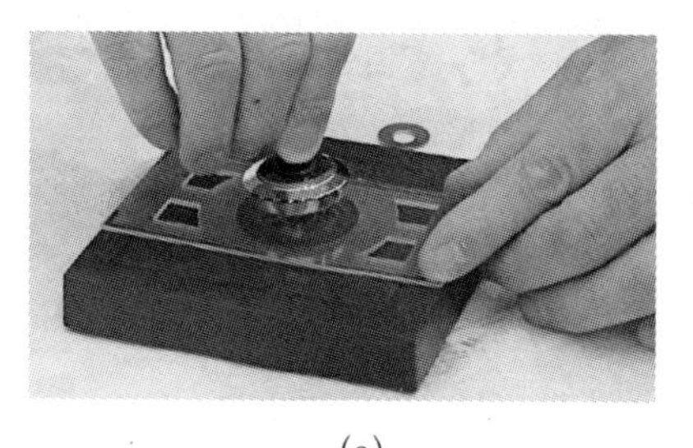

(a)

(b)

图 9-2　启动旋转（a），以及缓慢抬升（b）陀螺

注意：捻的时候，两个手指的用力要均匀一致，这样陀螺才能旋转起来而不会立即倒下。随后，缓慢地抬起塑料板，让陀螺的位置慢慢地上升。整个过程要尽量稳定缓慢。

在抬升塑料板的过程中，有时陀螺的抖动会加剧。遇到这种情况，可以将塑料板轻轻地上下移动，陀螺的转动就会恢复稳定。等到塑料板的位置达到一定高度后，陀螺在磁力的作用下会向上跳起，离开塑料板。这时，陀螺就处于悬浮的状态了，如图 9-3（a）所示。

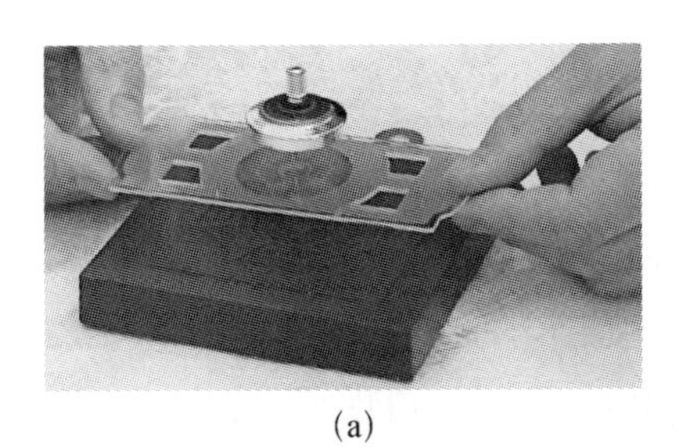

(a)

(b)

图 9-3　陀螺跳跃至悬浮状态（a），以及减弱上下振动（b）

陀螺能否稳定地悬浮，与它的重量密切相关。这个玩具配有几种不同重量的配重垫圈，通过增加或减少这些垫圈，就可以改变陀螺的重量了。如果在抬高塑料板的过程中，陀螺始终不能跳起，说明陀螺的重量太重；相反，如果陀螺跳得太高或飞出去，则说明其重量太轻。

陀螺跳起后，往往继续上下振动，这很容易使得陀螺运动到稳定的范围之外，影响陀螺的悬浮时间。为此，我们可以让塑料板在原有位置保持一段时间，使陀螺的尖在塑料板上轻轻地掂一掂，见图 9-3（b）。这样，可以将陀螺上下振动的动能吸收掉，使之在固定的高度旋转。

陀螺在悬浮时，除了绕着自己对称轴的旋转之外，其他的运动模式如上下振动或左右晃动得越小，其悬浮时间越长。笔者在实际的实验中取得过悬浮时间 100 多秒的成绩，希望读者通过练习与摸索，可以获得更好的成绩。

此外，底座周围的铁制品对悬浮的效果影响很大。因此，实验要在木头或胶合板等桌面上进行。此外，要注意底座不要太靠近桌面下的铁制钉子、螺栓、角铁等紧固件。

2. 磁悬浮的稳定性

磁铁有南北两个磁极，磁极之间同性相斥，异性相吸，因而陀螺能够悬浮首先是由于同性磁极之间的相斥作用引起的。比如，如果底座中磁铁的北极朝上，则陀螺中磁铁的北极应该朝下。直觉告诉我们，在这种情况下两者是会互相排斥的。而且，在一定的高度范围内，陀螺的高度越低，排斥力越大。正是这样一个磁性排斥力平衡了陀螺的重量，使之可以悬浮在空中。

不过，磁铁是一个偶极子，陀螺下部磁铁的北极被底座排斥，但是它上部的南极却会被吸引。只不过在一定的高度范围内，磁场的强度越往上越低，因此，陀螺受到的排斥力大于它受到的吸引力，使之可以悬浮。

实际上，底座当中的磁铁是一个圆环，我们用一个铁钉就可以从底座的外面探察出这一点。这种情况下，当陀螺的位置十分靠近底座的中心时，它受到的吸引力大于排斥力。所以，在我们开始捻转陀螺后，它是紧压在塑料板上的。我们必须把塑料板向上抬起来，才能使陀螺从吸引力比较大的区域移动到排斥力比较大的区域。

前面谈到的都是假定陀螺处于底座的对称中心线上。那么，如果陀螺的位置偏离中心线，或者陀螺自己的轴线稍微歪斜一点后，情况又会怎么样呢？为了获得陀螺稳定性的直观印象，我们可以手持陀螺，移动到底座上方正中。这时可以发现，陀螺受到的磁力与重力虽然可以非常接近平衡，却很容易歪斜翻倒，一旦松开手，陀螺就会被迅速地吸到底座上。而对于旋转的陀螺，我们可以观察到，陀螺可以在一定的范围内飘荡悬浮，即使陀螺偏离平衡的位置，也可以自己校正回来。

3. 恩绍定理

磁悬浮的现象非常有趣，实用价值非常大，因而人们对此做了大量的研究与设计。正如我们不能违背能量守恒定律去设计永动机一样，在我们研究与设计磁悬浮装置的时候，也必须了解一个相关的重要定理，即恩绍（Earnshaw）定理。恩绍定理最初是针对静电场中的点电荷的，该定理指出，一组点电荷在静电力的作用下，不可能处于静止的稳定平衡态。这个定理可以推广到万有引力和静磁力等情况下。

具体到磁悬浮，这个定理的结论是，使用通常的永久磁铁、直流电磁铁等组成的系统，不可能实现静止状态下的稳定磁悬浮。近代的磁悬浮列车使用超导磁铁来提供悬浮力，而超导磁铁价格比较高，因此，如果可以使用永久磁铁来部分提供悬浮力，对降低成本可能会有帮助。但是，如果我们幻想在整个系统中全部使用永久磁铁，就违反了恩绍定理，就像是违反能量守恒定律，幻想设计永动机一样。

不过，不能把恩绍定理错误地理解成在任何条件下磁悬浮都不能实现，事实上，我们已经看到了在许多条件下，稳定磁悬浮是可以实现的。比如，当系统存在运动时，仅由永久磁铁组成的系统完全可以达到稳定的磁悬浮，磁悬浮陀螺就是这样一个例子。

另外，当系统中存在用交流电驱动的电磁铁，或者存在由电子反馈系统调节的电磁铁时，系统也可以达到静止状态下的磁悬浮，磁悬浮列车就是这样的例子。当然，在前面讨论的磁悬浮列车技术改进中，我们仍然可以用永久磁铁来提供部分的悬浮力，只要部分保留由交流电或反馈系统驱动的电磁铁就可以确保悬浮的稳定，这种改进并不违反恩绍定理。

此外，当系统中存在抗磁性物质时，也能实现稳定的静止磁悬浮。水就是一种抗磁性物质，只不过其抗磁性很低，在通常磁场强度下观察不到抗磁性效应。如果磁场强度足够高，水的抗磁性完全可以使之悬浮。最有趣的一个例子是，科学家将一只活的青蛙放入强磁场中，青蛙竟然“神奇”地在空中悬浮飘荡。

二、锅盖滚球

机械能有势能和动能两大类，它们在物体运动时会互相转化。我们通过一个实验，观察一个机械能转换的例子。

1. 机械能的转换

我们把一个玻璃锅盖的把手取下，然后将锅盖倒置，锅盖构成了一个中心低、外围高的凹面。把一个小球抛进锅盖中，让它在里面滚动，如图 9-4 所示。小球在锅盖中运动，势能与动能始终不断地转换。可以看到，小球越靠近中心，高度越低，因此势能越低，动能越高，速度越快；反之，小球越靠近边缘，速度越慢。

图 9-4　小球在锅盖凹面中滚动

我们想象一下，小球在最低点（A）时的动能为 E_{KA}。为了方便，我们把最低点定为势能的 0 点，见图 9-5。当小球运动到最高点（B）时，动能近似为 0，而势能达到最大 E_{PB}。小球继续运动到另一最低点（C），这时它的动能为 E_{KC}。这种情况下，这几个动能和势能存在什么关系呢？

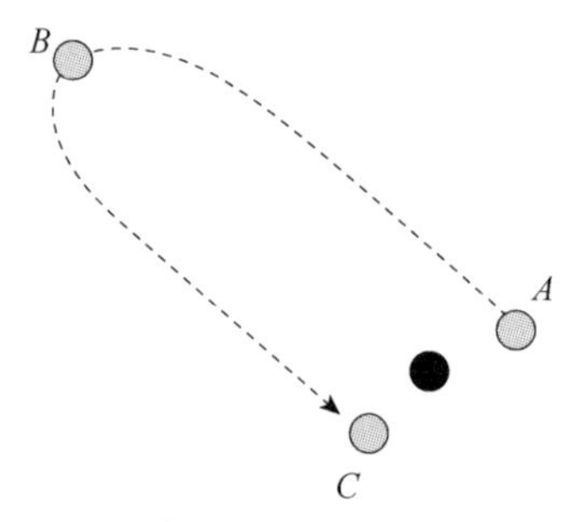

图 9-5　小球在不同位置之间的运动

首先，从 A 点上升到 B 点的过程中，小球的初始动能必须大于或等于结束时的势能：

$$E_{KA} \geqslant E_{PB} \tag{9-1}$$

如果运动过程中机械能没有损耗，上式的大于等于号应该是等号。事实上，小球运动的动能没有全部转化为势能，而是有一部分由于运动中发生摩擦而变成了热。

同样，从 B 点下降到 C 点的过程中：

$$E_{PB} \geqslant E_{KC} \tag{9-2}$$

由此可以看出，当小球从 A 点到 B 点再到 C 点，虽然 A 点和 C 点都是最低点，势能相同，但动能却比原来少了：

$$E_{KA} \geqslant E_{KC} \tag{9-3}$$

因此，小球的总机械能是越来越少的，运动越来越慢，最终会停止。

2. 行星的闭合轨道

当然，从这个实验中我们能学到的不止是机械能转换这么简单。实验中小球的运动，是不是有点像行星绕着太阳公转？粗略地看的确有点像，小球始终围着一个中心做往复运动，而且小球的运动速度与它离中心的距离有关，越靠近中心越快，反之越慢。这个性质也很像行星的运动。

事实上，如果不考虑小球与玻璃锅盖之间的摩擦力，在重力作用下，小球受力的总和是指向锅盖中心的，我们可以把它近似看成是一个有心力场。但小球与行星的运动在细节上非常不同。最显著的一个特征是，行星围绕太阳公转的轨道基本是闭合的，也就是说，每年地球都会按相同的轨道围着太阳转，而锅盖上的小球的轨迹却不是闭合的，如图 9-6 所示。

我们将小球投入锅盖的方向影响到轨道的形状，如果投入方向指向中心，则轨道比较扁长；反之，如果投入方向远离中心，则轨道相对比较圆。但不论是哪种情况，小球运行的轨道都不是闭合的。

(a)　　　　(b)

图 9-6　小球滚动的非闭合轨迹

对于任意的有心力场，物体围绕引力中心的公转的轨迹不一定是闭合的，只有当有心力场符合一定条件时，物体的轨道才会闭合。太阳与行星之间的万有引力是一个平方反比力，也就是说，二者之间的引力与它们之间距离 r 的平方成反比。平方反比力与距离之间的关系如下式所示：

$$F = G\frac{m_1 m_2}{r^2} \tag{9-4}$$

在平方反比力的作用下，太阳周围小天体的运行轨道一定是一条二次曲线，即圆、椭圆、抛物线或双曲线中的一种。对于行星而言，它围绕太阳公转的轨道是闭合的椭圆形。而锅盖中心对小球的“引力”不是平方反比力，这样小球的运行轨道一般讲就不会是闭合的。如果想利用锅盖产生一个平方反比力，其形状应该是外围平缓，而中心既尖又深，看上去像喇叭花。事实上，即使我们有一个喇叭花那样的锅盖，对小球产生一个平方反比力，小球的轨道仍然可能不是闭合的，因为小球受到的作用力严格讲不是有心力。小球在滚动时不是匀速直线运动，因而小球与锅盖之间一般情况下存在摩擦，因而会存在一个水平方向上的作用力。这种非向心力的成分也会影响小球的运动轨迹，使之不再闭合。

三、液面上的液珠

液体在表面张力的作用下形成液珠，这种现象一点也不奇怪。清晨田野绿叶上的露珠、自来水管滴下的水珠，都是这种现象的例子。不过，如果液体洒在与它浸润的物体上，液体的分子会吸附在物体表面并且摊开，无法形成液珠。因此，这种液珠通常只能在与液体不互相浸润的物体表面或者在空气中自由下落时形成。

1. 实验现象

然而，一个非常奇怪的现象是，有时候液体会在同种类的液体表面形成液珠。我们通过一个实验来观察这种现象。

笔者用的是一瓶两升左右的汽水饮料，是含糖量比较高的，有兴趣的读者可以根据自己的口味，选择不同类型的汽水饮料，看看能不能做成功这个实验。

将瓶子里的饮料倒出一半左右，拧紧瓶盖。在瓶子外边靠近液面的位置上，用手指弹击瓶壁，如图 9-7 所示。瓶子里的饮料受到弹击而飞溅，落到液面上，形成液珠，如图 9-8 所示，这些液珠通常可以维持 5～6 秒，有些甚至可以维持十几秒。

图 9-7 用手指弹击瓶壁

(a)

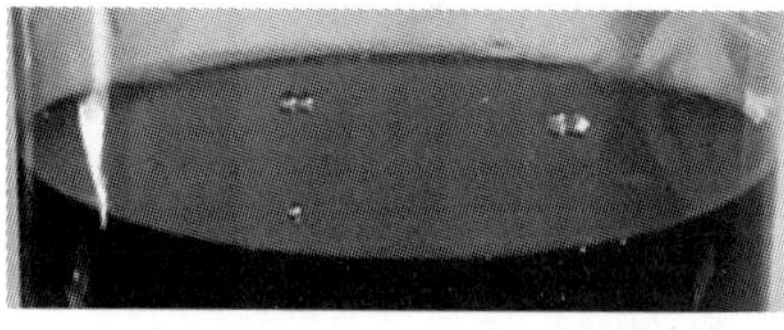
(b)

图 9-8　液面上的液珠（a）及两个液珠互相接触（b）的情景

这些液珠会将液面压得局部凹陷，就像一个石头球放在棉被上一样。当一个比较小的液珠靠近另一个比较大的液珠时，由于液面的凹陷，两个液珠会相对运动最后靠到一起。然而有趣的是，它们靠到一起后往往并不是立即合并，而是会独立存在几秒钟。一段时间后，我们可以看到两个液珠合并成为一个，这些液珠最终会与液体融合而消失。

2. 浸润与非浸润

在我们的直觉经验中，两团液体之间是互相浸润的。当一滴水滴入一杯水中时，它们总是立即融合为一体。如果滴入的是有颜色的水，还可以进一步看到有颜色的水在水杯中扩散的过程。但前面的实验告诉我们，两团液体表面互相接触时，它们之间完全可以在一段时间内互不浸润，即使是两团相同的液体。

我们对这种互不浸润现象的原因也并不清楚，只能做一点猜测。这个现象的一个可能原因是液体表面吸附了二氧化碳分子，将水分子与外界隔绝。饮料厂在灌装汽水饮料时，通过加压和降低温度，使得二氧化碳溶解在水中。当饮料瓶被打开后，水中溶解的二氧化碳在常温常压下逐渐析出，其中一部分在一段时间内吸附在液体表面。这些二氧化碳的分子挡在水分子外面，使得水不再浸润周围的物体，就像做馒头时，在湿面团外面沾了干面粉，使得面团之间不易粘连。

当然，这只是一个猜测，对于这种猜测的证实或证伪还需要更多的理论分析和实验证据。

四、自流酒壶

如果把几个容器用管子连接起来，往往会观察到很多有趣的现象。最简单的是各种连通器，我们在初中的物理课中已经学过。然而复杂一些的连通容器，却可以呈现出非常奇妙的性质，我们下面讨论一下自流酒壶。

1. 自流酒壶的原理

如图 9-9 所示的组合体，可以用来作为酒壶。这个组合体最好用玻璃来制造，它有 A 与 B 两个空腔，二者通过一根管子 C 连在一起。在空腔 A 与 B 的底部，分别连接了 D 与 E 两根管子。两根管子一同弯曲到较高的位置，成为两个壶嘴，如果有液体从 D 流出，则流出的液体又会灌入 E。

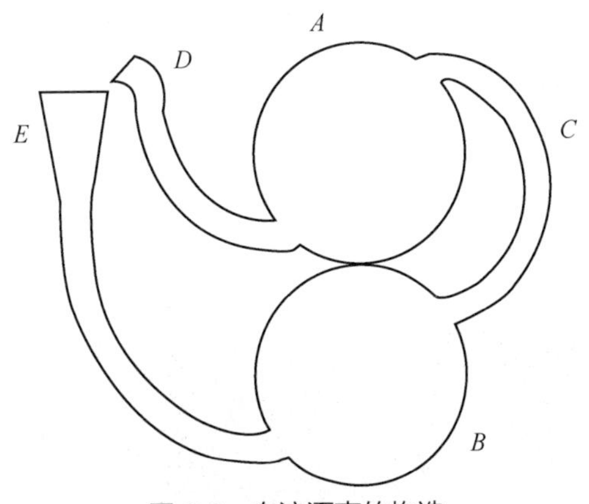

图 9-9　自流酒壶的构造

首先在 A 空腔中放一些液体，怎样才能把液体灌入 A 呢？最直接的办法是从 D 灌进去，当然 D 应该设计得比图 9-9 上画的更大些。另一种方法是先把液体通过 E 灌入 B，然后将整个组合体倒过来，让液体从管道 C 进入 A。灌好的组合体中的情形如图 9-10 所示。在这种情况下，显然空腔 A 中的液体不会自动流出来，空腔 A 和管道 D 构成一个连通器，液面在二者中的高度是相同的。

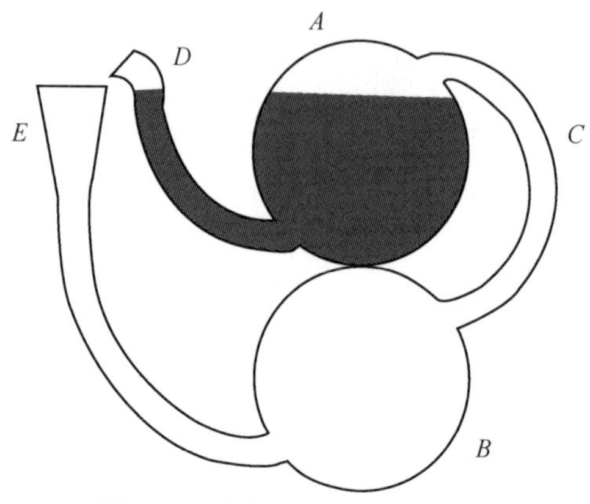

图 9-10　上部空腔灌注后的情景

要想让空腔 *A* 中的液体流入 *B*，我们需要做一个“启动”工作。为此，我们从壶嘴 *E* 灌入一些液体，使之流入空腔 *B*，如图 9-11 所示。这时我们会发现 *D* 管中的液面逐渐变高了。随后，*D* 管中的液体会流出来，补充到 *E* 管中。一旦这个过程开始，空腔 *A* 中的液体就会源源不断地流出来，直至全部流入空腔 *B*，如图 9-12 所示。

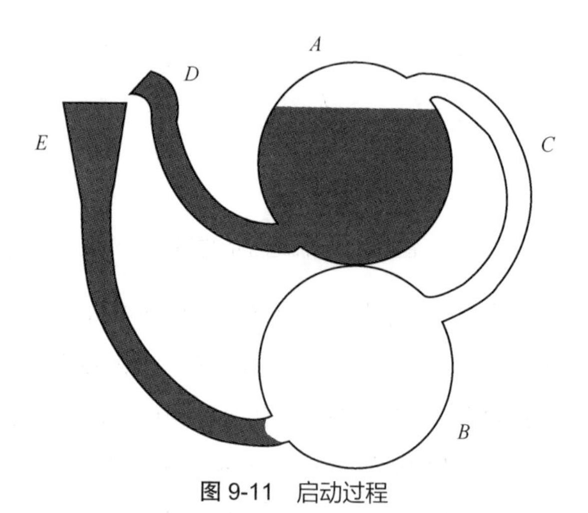

图 9-11　启动过程

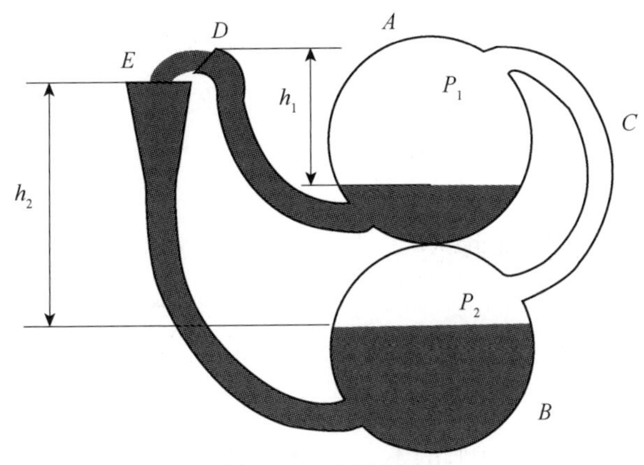

图 9-12　自流过程

空腔 A 中的液体为什么会流出来呢？显然 A 中的空气压强 P_1 必须足够大，大到比外界大气压强（假设为 P_0），再加上从液面到壶嘴 D、高度为 h_1 的一段液柱产生的压强还要大，液体才会被挤出来。写出公式如下：

$$P_1 > P_0 + \rho g h_1 \tag{9-5}$$

其中，g 是重力加速度，ρ 是液体的密度。

那么压强 P_1 又是如何产生的呢？由于空腔 A 和 B 之间由管道 C 连接，而空气的密度又非常小，所以

$$P_1 = P_2 \tag{9-6}$$

近似成立。

而 P_2 是由于 B 中的空气被挤压而产生的，它等于外界大气压强加上高度为 h_2 的一段液柱产生的压强：

$$P_2 = P_0 + \rho g h_2 \tag{9-7}$$

由此可见，只要 $h_2>h_1$，液体就会不停地流出，从空腔 A 灌入空腔 B。

当液体全部从空腔 A 灌入空腔 B 后，我们可以将整个组合体倒过来，让液体从管道 C 重新进入空腔 A，再让液体自流从空腔 A 灌入空腔 B，周而复始。

据相关介绍，饮用葡萄酒时为了口感更好，要让葡萄酒与空气充分接触。通常人们的做法是把葡萄酒倒入杯中，然后摇晃杯子。显然这样做并不能让酒

与空气接触得足够充分，而使用自流酒壶，效果就会好得多。

遗憾的是，目前市面上很难找到自流酒壶。如果读者中有亲友是做玻璃制品的，不妨将这个创意介绍给他们尝试一下。

2. 自流酒壶验证模型

细心的读者可能会怀疑，空腔中的液体真的会自己流出来吗？为此，我们实际制作了一个自流酒壶的实验装置。由于加工条件的限制，做成的装置不是很精美，形状也和前面图中画的不一样，但基本部件及其连通关系是完全相同的。实验装置的照片如图 9-13 所示。图中有上下两个果酱瓶，分别是空腔 A 和 B。一根竖直的铜管从下面的瓶子伸入上面的瓶子，相当于管道 C。两根连接到高处的管子，左边铜管与上面的瓶子连通相当于管道 D，右边铜管与下面瓶子连通，相当于管道 E。

图 9-13　自流酒壶实验装置

实验开始时，我们把上面的瓶子中装上液体，将瓶盖拧紧，再倒过来。为了获得清楚的拍摄结果，我们用的液体是加了一些葡萄酒的水。

随后，我们向管道 E 中灌入少量液体，使得一些液体进入下面的瓶子中，如图 9-14 所示。这时，我们可以看到有一些气泡从竖直的管道 C 中冒出，说明有一些空气从下面的瓶子被挤入上面的瓶子中。这样，上面瓶子中的压强增加，将液体挤出壶嘴 D，而挤出的液体又灌入壶嘴 E，如图 9-15 所示。这个过程可以一直持续，使得上面瓶子中的液体逐渐流入下面的瓶子中。这个实验证实了自流酒壶的设计方案是切实可行的。

(a)　　(b)

图 9-14　启动灌注

图 9-15　自流过程

五、回旋陀螺

回旋陀螺这种科学玩具也许很早以前就存在了。据记载，考古学家在古埃及遗址中曾经发现过石锄样的砍砸器，这种石器放在平面上旋转时，会自动改变旋转方向。

回旋陀螺涉及的力学分析相对复杂，这里仅通过实验了解一下这种现象。此外，我们可以用金属餐勺自己制作一个回旋陀螺，以更加清楚地观察有关现象。

1. 回旋陀螺的特性

现代科学玩具销售网站上出售的回旋陀螺大多是船形的实心塑料或金属条，不过其形状存在一些不对称性。将回旋陀螺放在一个光滑的平面，如玻璃板上，用手指轻轻拨动陀螺的一端，使之顺时针转动，如图 9-16 所示。

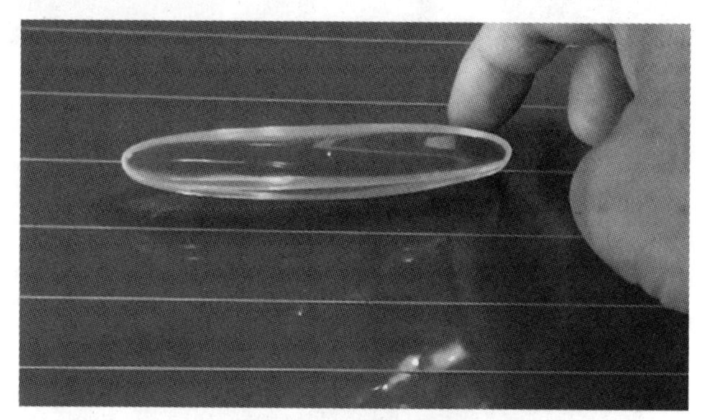

图 9-16　拨动陀螺

通常情况下，当我们拨动陀螺之后，它并不会单纯地转动，而是在转动的同时左右摇晃或前后上下颠簸。这时，陀螺与玻璃板的接触点不是固定的，而是不停地改变位置。从某种意义上说，可以将陀螺看成是在玻璃板上往复滚动。当陀螺沿着顺时针方向转动一小段时间之后，转动停止，而在转动停止的过程中，其“船头”与“船尾”的上下颠簸运动的幅度越来越大，如图 9-17 所示。陀螺在经过几次上下颠簸运动之后，逐渐开始按逆时针方向旋转。

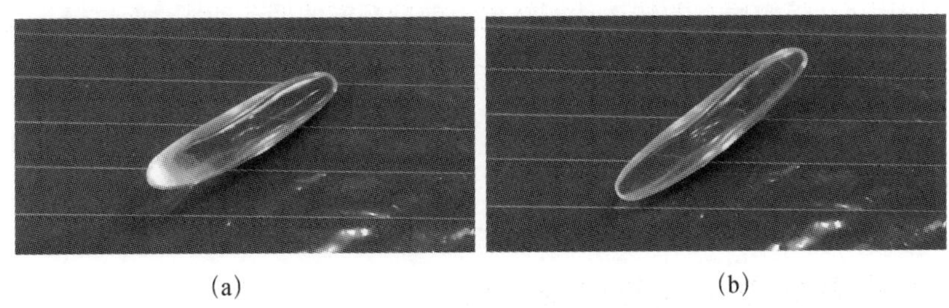

(a)　　(b)

图 9-17　陀螺头尾的上下颠簸

2. 角动量守恒定律可以违反吗?

回旋陀螺改变转动方向的现象看上去像是违反了角动量守恒定律，但角动量守恒定律是自然界中最基本的物理规律之一，当然是不可以违反的。

角动量守恒定律告诉我们，如果物体受到的外力的总力矩为 0，则其转动的角动量保持不变。我们通常见到的各种陀螺与光滑平面仅在一个点上接触，而如果陀螺的转动轴始终通过这一点，则陀螺与平面之间通过这一点的作用力不产生力矩，因此不会改变陀螺的角度量。

然而在我们的生活经验中，总能看到陀螺在平面上转动时，在摩擦力的作用下逐渐变慢，最终停止转动。这是由于陀螺与平面之间的接触点不是无限小的一个点，而是一个小小的圆面，在这个圆面上，两者之间发生滑动，因此这个滑动摩擦力实际上是对陀螺产生力矩的，这个力矩使得陀螺角动量降低，逐渐变慢。不过，这种摩擦力与陀螺的转动角速度相关，转速越小，摩擦力也越小，因而在它的作用下只能使陀螺停下来，而不会使之反向转动。

对于回旋陀螺，情况有所不同。回旋陀螺与平面之间的接触点不是固定的，瞬间转动轴也不是固定的，并且瞬间转动轴也不一定通过接触点。这样，回旋陀螺与平面之间接触点上的作用力就会对陀螺产生力矩，使之改变角动量。注意：这时在接触点上通常不存在相互滑动，这种作用力可以近似地理解为静摩擦力，它可以改变回旋陀螺的运动状态，但近似地不消耗机械能。在这个接触力点作用下，陀螺原有的转动动能转化为前后颠簸的振动动能，而这一振动动能随后又会转化为陀螺反向转动的动能。

这里仅给出一个定性的粗略解释，有兴趣的读者可以查阅相关资料，了解更多信息。

3. 金属餐勺制成的回旋陀螺

如果买不到专业设计的回旋陀螺，可以用金属餐勺自己制作一个回旋陀螺，同样也可以看到旋转方向反转的现象。

找一个金属餐勺，注意要选择勺体比较尖长的，不要用比较圆的。同时注意勺柄不要太硬，以方便弯折加工。将勺子弯成如图 9-18 所示的样子。

(a)

(b)

图 9-18　用金属餐勺制成的回旋陀螺

这里注意，勺子弯在上部的勺柄应适当矮一些，以免勺子的重心太高。另外，勺柄略微偏向一侧，由此带来一些不对称。

将弯好的勺子放在平滑的玻璃平面上，用手指轻轻地推动，这时勺子会转动一小段时间，然后逐步停止转动，变成前后颠簸或左右摇摆。随后，勺子的颠簸或摇摆运动会逐渐变成向相反方向的转动。如果转动方向反转的现象不够明显，可以试着朝另一个方向推动勺子。还可以适量扳动勺柄，调整重量分配，通过试验寻找优化勺子的运动特性。

相对而言，用勺子制作的回旋陀螺的非对称性没有专业玩具那么强，因此转动方向反转的现象也不是很明显。不过，由于勺子的长轴和短轴相差较小，因此勺子往往可以在顺时针与逆时针两个方向上都呈现转动方向反转的现象。比如笔者制作的这个勺子，可以朝逆时针的方向拨动勺子，如图 9-19 所示，勺子会逆时针转动一小段时间，如深色箭头所示，然后逐渐停止转动，变成前后的颠簸运动，如浅色双箭头所示。而勺子的颠簸运动随后又会变成朝顺时针方向转动，如浅色虚线箭头所示。

(a)

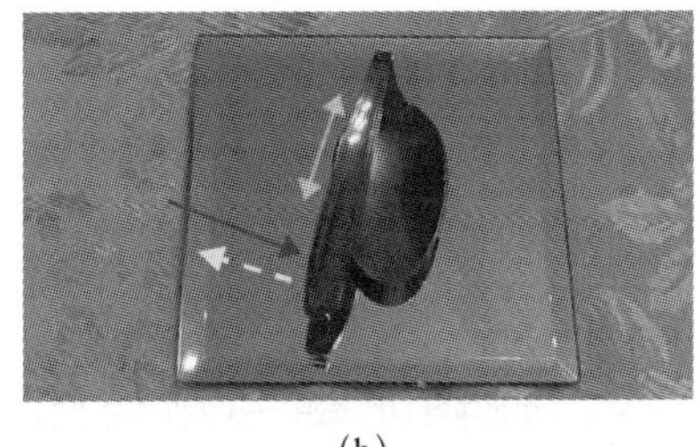
(b)

图 9-19　朝逆时针方向拨动勺子（a）及勺子的前后颠簸运动（b）

对于同一个勺子，我们也可以朝着顺时针的方向推动，如图 9-20 所示。这时勺子会沿着顺时针方向（深色箭头）旋转比较长的一段时间，逐步停止转动，转为左右摇晃的运动（浅色双箭头），而勺子左右摇晃的运动最终又会变成朝逆时针方向的转动（浅色虚线箭头）。

(a)

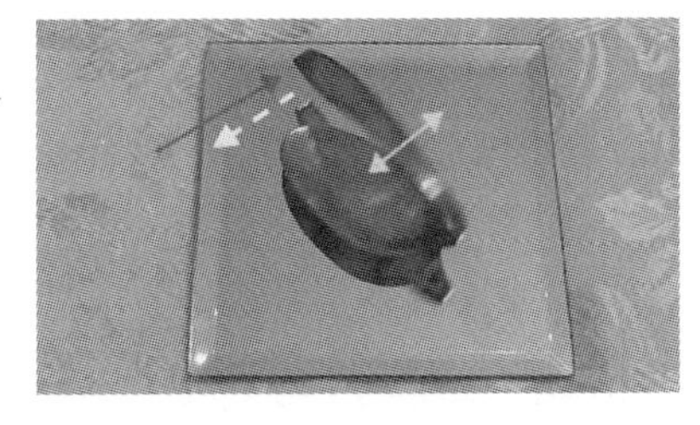
(b)

图 9-20　朝顺时针方向拨动勺子（a）及勺子的左右摇晃运动（b）

由此可见，我们制作的这个勺子无论开始时是朝着顺时针方向还是逆时针方向推动，都会出现转动方向反转的现象。更有趣的是，勺子的转动方向反转之后，经过一段时间的转动，其转动方向又会再次反转。也就是说，在一次推动之后，勺子的转动方向可以从顺时针变到逆时针，再变到顺时针，如此往复三四次。有一些设计制作得比较精良的回旋陀螺，甚至可以往复改变转动方向七八次。

这里有一个现象要提醒读者注意观察，勺子沿着前后方向做颠簸运动时的振动频率相对比较快，而沿着左右方向做摇摆运动时的频率比较慢。这与勺子底部在横向和纵向上的曲率半径有关，即在纵向上曲率半径比较大，偏离平衡点时的恢复力系数也比较大，因此振动频率就比较高；反之，在横向上，曲率半径比较小，振动频率相应也比较低。

六、翻转陀螺与熟鸡蛋

翻转陀螺由于形状酷似蘑菇，因而在有些科学玩具销售网站上也被称为香菇陀螺。翻转陀螺转动起来之后，会发生出乎我们意料的翻转，在重心比较高的情况下稳定旋转。而煮熟的鸡蛋也会出现在重心比较高的情况下稳定旋转的现象。对这种现象的分析比较复杂，这里仅通过实验现象，对我们的直觉做出修正。

1. 翻转陀螺的特性

翻转陀螺多数是用木头做的，主体形状是一个球形，在球形上钻了一个圆柱形的凹坑，凹坑的中心安装了一个手柄，如图 9-21 所示。当陀螺静止地放在光滑的平面上时，底部球面朝下，手柄朝上。这是由于球体上钻掉的凹坑比较大，整个陀螺的重心比较靠下。当我们用手指捏住手柄，捻动陀螺，它就会在光滑的平面上转动起来。陀螺最初转动时，手柄是朝上的，但是很快手柄就变成横向转动了，如图 9-22 所示。

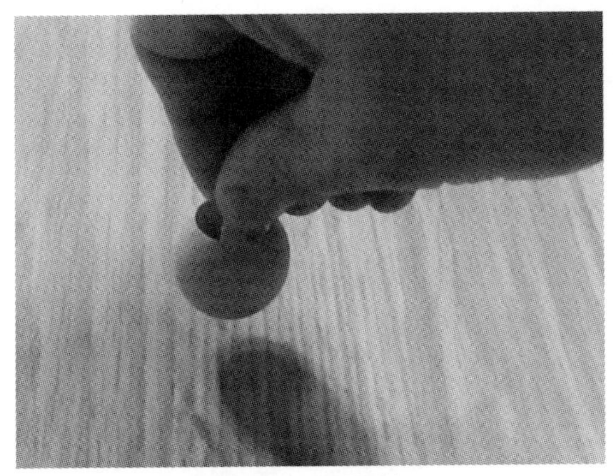

图 9-21　翻转陀螺

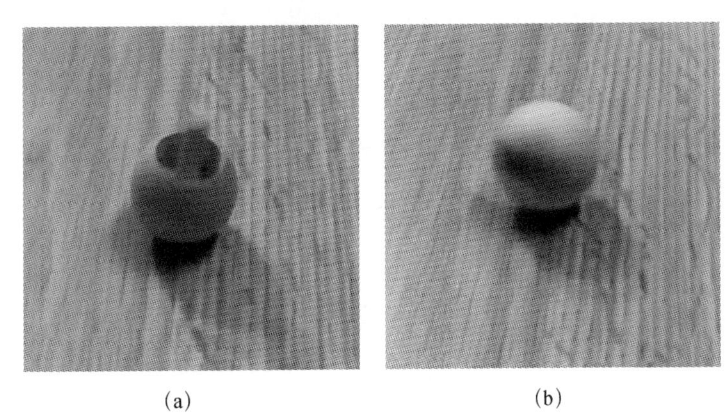

(a)　　(b)

图 9-22　陀螺从竖立转动（a）到横向转动（b）的现象

对于这个现象，我们可以用手机或照相机拍摄视频，然后在计算机上一帧一帧地观看，使用慢动作拍摄功能的效果更好。可以看出，在旋转的过程中，陀螺手柄的指向朝着斜上方、水平方向及斜下方往返变化多次，但几乎不会重新指向正上方，这与我们的直觉有所不同。最有趣的是，经过一段时间的旋转，陀螺会完全翻转过来，手柄朝下，像一个长在地上的蘑菇，如图 9-23 所示。陀螺在这样一种状态下会相当稳定地旋转一段时间，直到因转动角速度太慢而倒下来。

图 9-23　陀螺完全翻转后到情形

物体在静止状态之下，总是倾向于从重心较高的状态变化到重心较低的状态，通常情况下，物体的稳定状态也是重心最低的状态。然而，当一个物体处在旋转状态时，情况就会有所不同了。像我们这个翻转陀螺，在一定的转动角速度之下，如我们所见，其稳定状态是手柄朝下，这是一个重心比较高的状态。

2. 熟鸡蛋的转动

我们也可以通过旋转一个煮熟的鸡蛋观察到类似的现象，如图 9-24 所示。鸡蛋煮熟之后，其内部的蛋清和蛋黄凝固成为固体，整个鸡蛋的运动可以看成是一个刚体运动。鸡蛋在水平的光滑平面上放置时，其稳定状态是短轴竖直，长轴水平，这也是重心最低的状态。我们可以从这个状态开始旋转鸡蛋，注意要让鸡蛋在水平方向上转动。鸡蛋在开始旋转时，仍然维持长轴水平的状态，但很快就会变成歪斜的滚动，如图 9-25 所示。

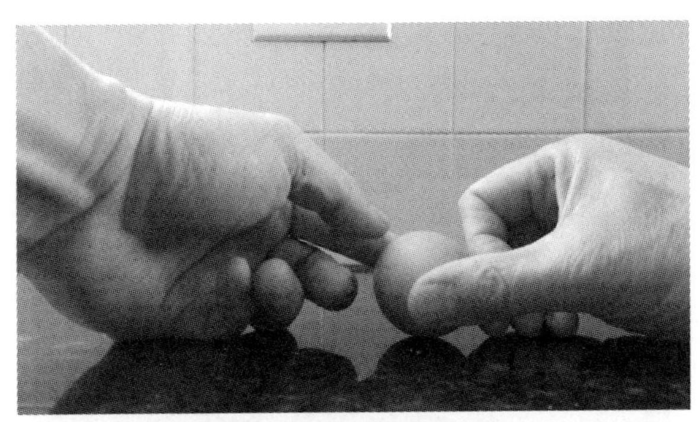

图 9-24　旋转鸡蛋的方法

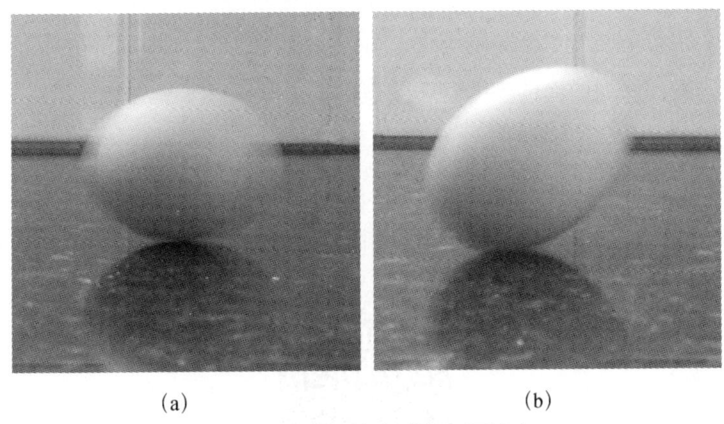

(a)　　　　(b)

图 9-25　鸡蛋转动时的中间状态

如果仔细观察，会发现这种倾斜的滚动相当复杂，鸡蛋的瞬间转动轴在空间中的取向不断变化，鸡蛋与平面的接触点也不断变化，而瞬间转动轴却不一定通过接触点。这种复杂的滚动会持续一小段时间，鸡蛋很快就会变成垂直竖立转动，如图 9-26 所示。一旦达到了垂直竖立转动的状态，鸡蛋就会维持在这个状态下相对稳定地旋转比较长的时间。随着鸡蛋的转动，动能逐渐消耗掉，其转动角速度逐渐变慢，转动的状态也从垂直竖立变成倾斜的滚动，最后变成长轴水平，直至完全停止转动。

图 9-26　鸡蛋处于垂直竖立的稳定转动状态

对于转动角速度足够高的鸡蛋，同样可以看到，重心比较高的状态反而是稳定的状态，这与前面谈到的翻转陀螺相似。

扫一扫，观看相关实验视频。

彩　　图

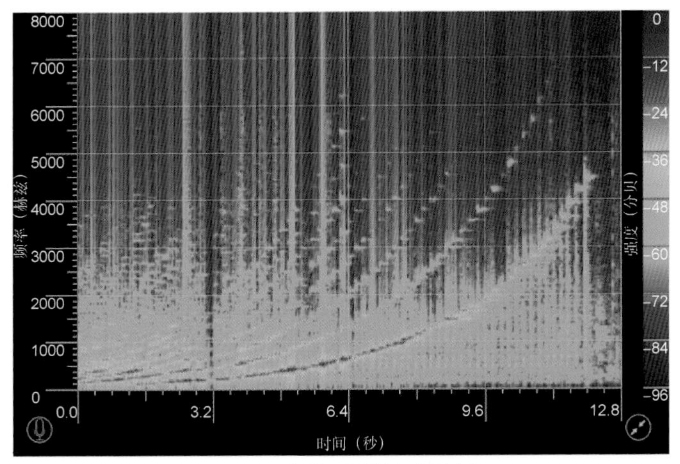

图 3-5　钢琴音阶演奏谱图

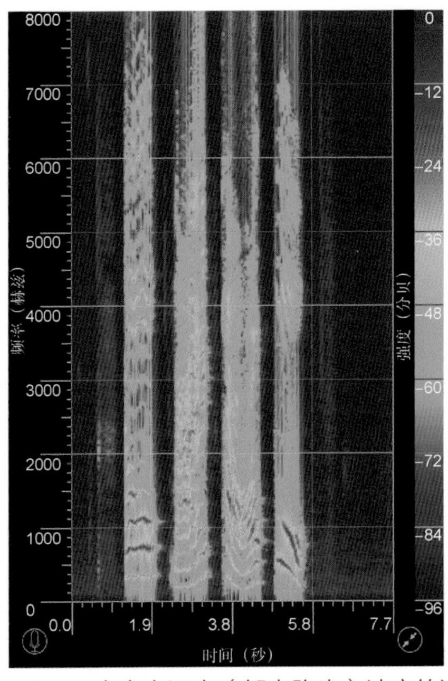

图 3-20　四个中文汉字（都来跑步）读音的谱图

(a) (b)

图 5-22　极光

图 6-2　通过镜子的倾斜棱边反射光的色散

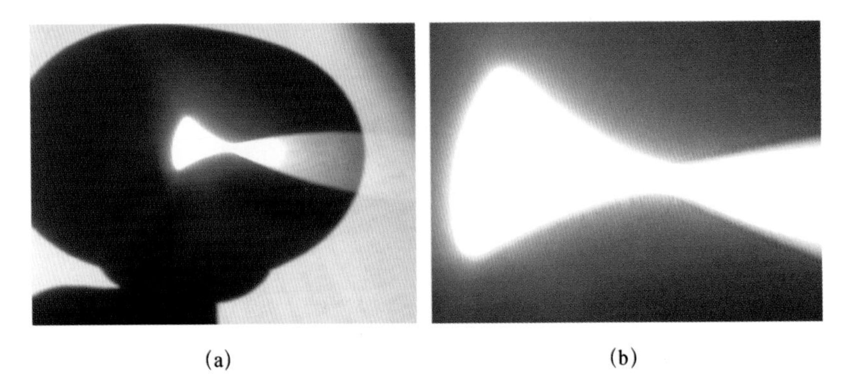

(a) (b)

图 6-4　透镜的色差

图 6-5 雨后彩虹

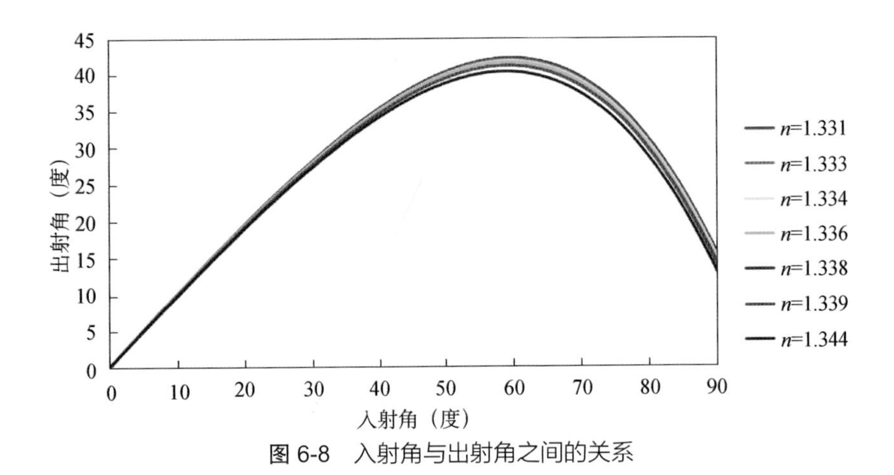

图 6-8 入射角与出射角之间的关系

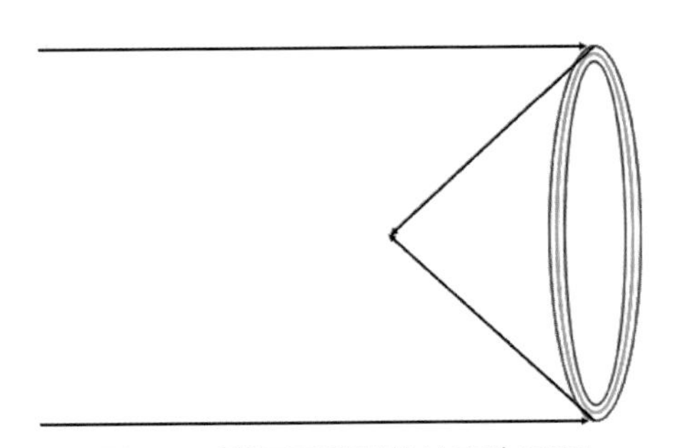

图 6-9 彩虹圆弧形状的产生原理

(a)

(b)

图 6-11　人工生成的虹与霓（a）与雨后产生的霓虹（b）

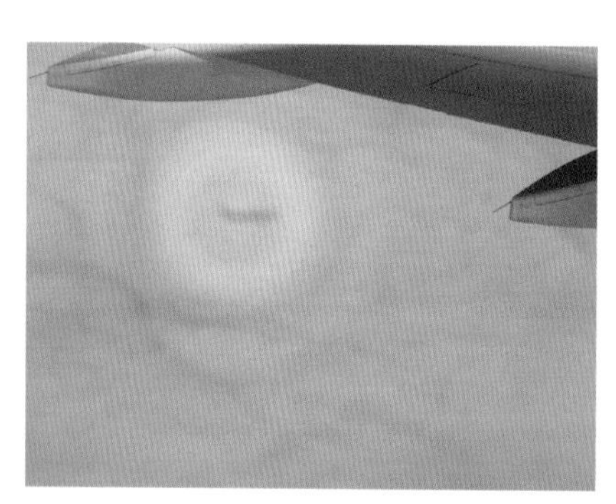

图 6-12　乘坐飞机时拍摄的景象

(a)

(b)

图 6-13　水面的全反射现象（a）与鱼缸侧壁的全反射（b）

(a)

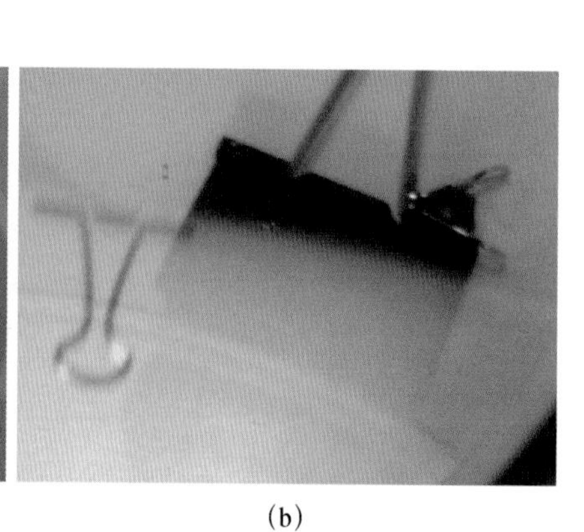

(b)

图 6-16　临界角的色散

图 6-17　多种介质的色散对临界角的影响

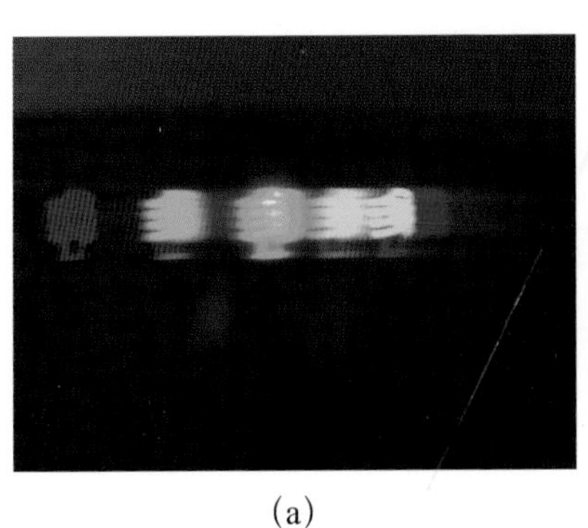

(a)

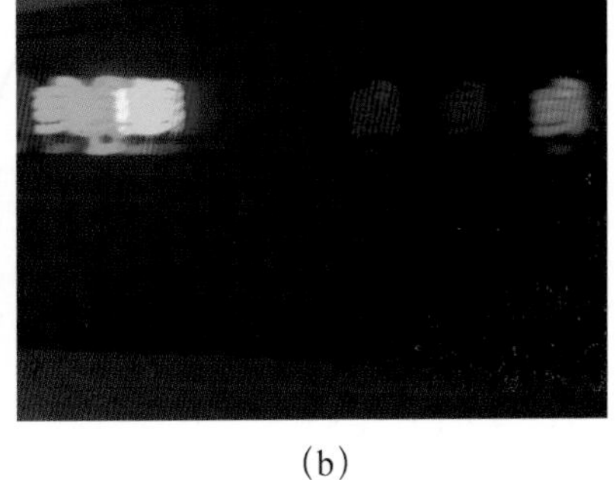

(b)

图 6-19　光栅衍射干涉产生的分光现象，以及光栅衍射干涉的第一与第二级极大

(a)

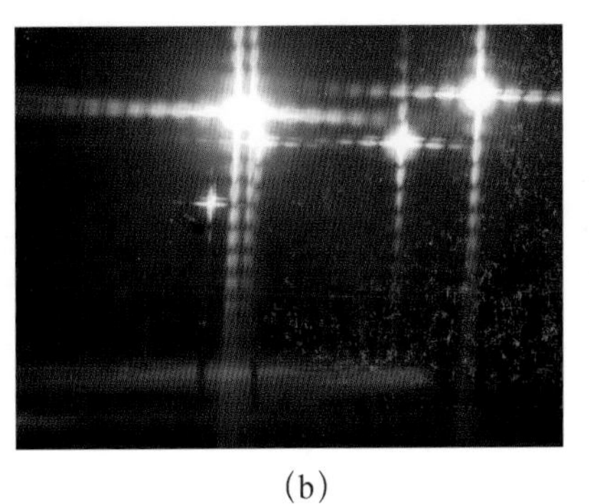

(b)

图 6-20　拍摄的夜间远处的路灯（a），以及照相机透过窗纱拍摄到的现象（b）

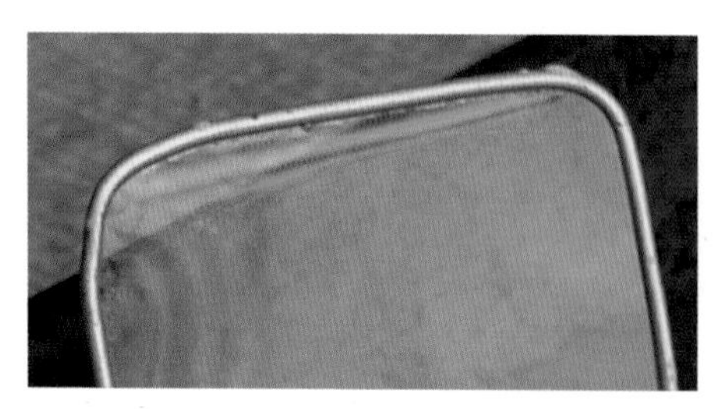

图 6-21　肥皂膜上的彩色条纹

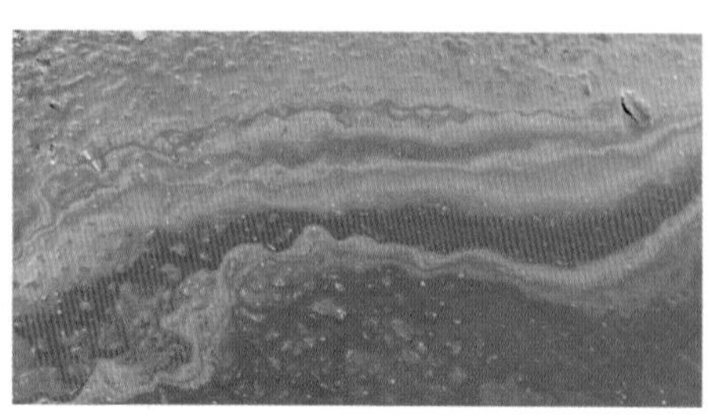

图 6-22　油膜上的彩色条纹

图 6-23　硬塑料盒子反射天空产生的彩色光晕

图 6-28　硬塑料制品内部应力引起的各向异性

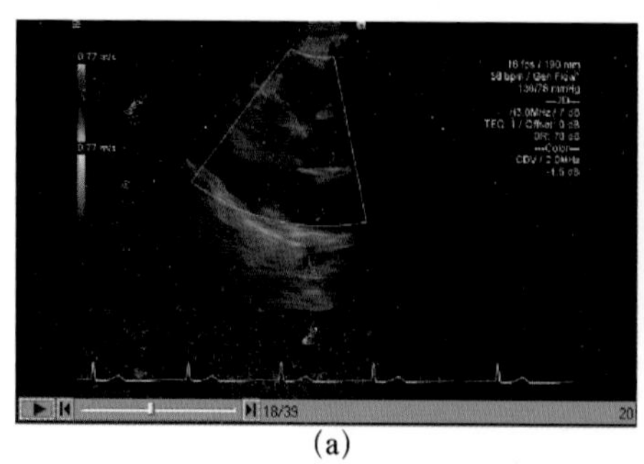

(a)

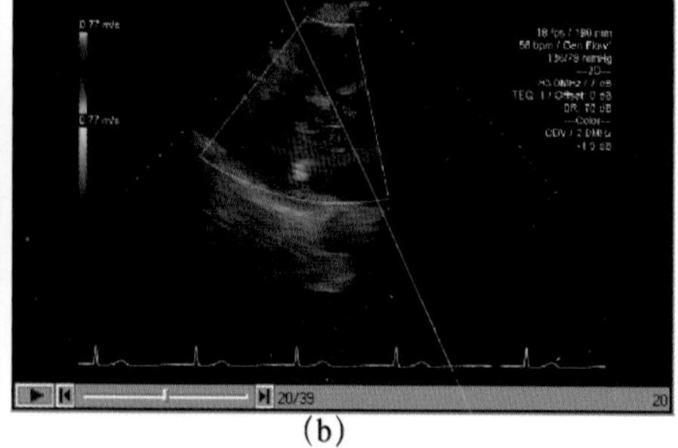

(b)

图 7-15　心脏的彩超检查结果